我就是我

I AM I

童年期自我意识的惊人顿悟

[荷] 多尔夫·科恩斯塔姆 著

张雨青等 译

人民东方出版传媒
People's Oriental Publishing & Media

东方出版社
The Oriental Press

图书在版编目（CIP）数据

我就是我：童年期自我意识的惊人顿悟 /（荷）多尔夫·科恩斯塔姆 著；张雨青等译 . — 北京：东方出版社，2021.1

书名原文：I am I: Sudden Flashes of Self-awareness in Childhood

ISBN 978-7-5207-1701-4

Ⅰ.①我…　Ⅱ.①多…②张…　Ⅲ.①儿童心理学—自我意识—研究　Ⅳ.①B844.1

中国版本图书馆 CIP 数据核字（2020）第 185926 号

中文简体字版专有权属东方出版社
著作权合同登记号 图字：01-2020-4948号

我就是我：童年期自我意识的惊人顿悟

（WO JIUSHI WO:TONGNIANQI ZIWO YISHI DE JINGREN DUNWU）

作　　者：［荷］多尔夫·科恩斯塔姆
译　　者：张雨青等
责任编辑：吴晓月
出　　版：东方出版社
发　　行：人民东方出版传媒有限公司
地　　址：北京市朝阳区西坝河北里 51 号
邮　　编：100028
印　　刷：北京汇瑞嘉合文化发展有限公司
版　　次：2021 年 1 月第 1 版
印　　次：2021 年 1 月第 1 次印刷
开　　本：880 毫米 ×1230 毫米　1/32
印　　张：8.25
字　　数：130 千字
书　　号：ISBN 978-7-5207-1701-4
定　　价：49.00 元
发行电话：（010）85924663　85924644　85924641

本书最早以荷兰文出版于荷兰，后又被翻译成德文在德国出版，翻译成英文在美国出版，还翻译成日文在日本出版。我非常高兴本书此次被翻译成中文，与中国的读者见面！期待与中国的读者一起，探寻世界上每一个独一无二的自我。

　　　　　　　　　　　　　　　——多尔夫·科恩斯塔姆

译者序言

　　第一次和多尔夫·科恩斯塔姆教授取得联系，是在大约 30 年前的 1991 年。那时我研究生毕业不久，被分配到中国儿童发展中心工作。随后，我在这家中心的心理与教育研究室开始了儿童心理的相关研究工作，也就是所谓的"参加工作"。由于深受我的恩师北京大学心理系陈仲庚先生，以及自己长期"留守儿童"的童年体验的影响，我对年幼儿童的个体差异非常感兴趣，特别是小孩子刚一出生就表现出来的与众不同的先天个性特点，非常令我着迷。有一天，我在研究中心的图书馆里欣喜地找到一本有关儿童气质的学术专著，就如获至宝地读了一遍。读后突发奇想：外国儿童的气质特点有九大方面，那么中国儿童是怎样的呢？他们是否有自己的独特之处？我还特别关注的问题是，了解自己孩子的先天气质和行为特点，对父母的家庭养育会带来哪些启示？我即刻决定，针对上述问题做一个探索性的研究。问题是，应该怎样测量儿童的气质呢？当时国内还找不到任何相关的资料。这时，我在翻看那本专著后面的索引时，偶然发现了多尔夫·科恩斯塔姆教授写的关于儿童气质的文章。由于那时还没有网络可以查找研究文献，我就贸然给他写了一封信，信中表达了我的困惑，并希望得到他的帮助。

几天以后，我收到了多尔夫教授的回信，感到异常兴奋。在信中，他首先介绍了进行儿童气质研究的几种方法，随后就急切地表达他正在组织一项对不同国家儿童个体差异的国际跨文化的研究项目，并强烈建议我参与，进行中国儿童部分的研究，还一再表达我将是他们最理想的合作者。一年以后，我就应他的邀请，前往荷兰的莱顿大学做访问学者，随后又读了他的博士。从此，我进入了一个全新的探索未知的儿童世界、了解人类早期行为的研究领域，也和多尔夫教授建立起近 30 年亦师亦友的深厚友谊。

自从呱呱坠地的那一刻起，我们每个人都会收藏很多多彩的人生早期的深刻记忆。本书描述的是多尔夫曾经非常感兴趣并记录下来的一系列被访者的童年回忆，作者从中追踪了人在儿童时期最早出现的对自我的认知和建构，以及时空关系对自我意识形成的影响，并探索了人类这一现象背后的理论意义，比如人的早期意识是怎样的？是如何发展和进化的？荣格、萨特和斯皮格尔伯格等著名思想家是怎样理解这一现象的？

每个人都有各种各样的生动的儿时记忆，这些记忆和我们儿时的生活环境及发生过的事情息息相关。在这些印象深刻的儿时记忆中，你是否有那么一刻，从懵懵懂懂的状态中突然意识到自己是一个独立的、与众不同的人？

我的童年是在河北乡下姥姥家度过的。因为父母需要去四川参加大三线建设，无法把我带在身边，所以出生 5 个月的我就被送回姥姥家，开始了长达 8 年的留守儿童生活。严格意义上说，我的亲子依恋关系是和姥姥、姥爷建立的，而不是和父母，这严重影响了我与父母团聚后的关系。

回忆自己最深刻的儿童早期体验，有两个场景会不时从我的脑海深处冒出来。这两个场景不属于多尔夫描述的自我意识的突然顿悟，更多的是两种真实情绪的最初感受。一个经常萦绕于脑海中的场景，是一幅美好的农村傍晚景象：夕阳西下，暗紫色的夜幕渐渐垂下。村头的小河边，一个微微有点弓背的老人挑着两只水桶，旁边有个三四岁的小男孩蹦蹦跳跳着，不时脱下鞋，将鞋扔向空中。几只天上飞的蝙蝠，看到小孩扔到天空中的小鞋，就会迅速俯身冲向鞋子。小孩满心期望的是，有那么一天，一只蝙蝠能够钻进他的小鞋子里……

这个场景中，老人是我的姥爷，那时应该有 70 岁了，而小男孩就是我自己。这个场景给我的感受是永恒的恬静和温馨，以及对早已逝去的老人的深深怀念。

另一段记忆带给我的则是一种完全负面的恐惧感受。我四五岁时，正好处于"文革"时期，即使和姥姥、姥爷两位老人住在偏僻的小村庄，也经常会遇到军事演习。记得某天的午夜时分，忙碌了一天的人们早已进入梦乡。天空漆黑如墨，大地一片寂静。突然，一阵凄厉的警报声响起。年迈的姥姥惊慌地起来，急忙给我穿衣服，然后拖着她的三寸小脚，拽着我拉开房门，跟跟跄跄地奔向 20 米外的防空洞（菜窖）。刚奔出房门，就看到满天的直升机从低空飞过，发出震耳欲聋的声音。姥姥拉着我，吓得瘫坐在地上，瑟瑟发抖。这是我人生中第一次印象深刻的恐惧记忆。

究竟在人生的哪个时刻，我忽然意识到"我就是我"，是一个与外界分隔的独立个体呢？这在我自己的过往体验中，除了上述两个永生难忘的片段之外，似乎很难被挖掘出来。就像作者在书中谈到，西方儿童的自我被认为是独立、自主，是清晰地区别于他人和社会情境的，往往特别强调儿童的自我表达、独立和个性。但在中国及其他东亚国家，儿童的自我往往没有被赋予与周边环境的清晰边界，而是被视为社会关系、责任和角色的一部分。这也许是中国人更多强调集体主义，而西方人更强调个人主义在儿童身上的体现吧？

作者描述的"我就是我"中的第一个"我"代表"行为的我"，指儿童在一般生活中的感觉、行为等，而后面的"我"则是"观察的我"，是对第一个"我"的观察和评价。就好像一个腾空而起的"我"对在地上世俗生活中的"我"的观察和审视。

一个人对自己的认知是一个非常重要的过程，正如早在古希腊时期就雕刻在德尔斐圣地的阿波罗神庙入口处的那句神谕所言：认识你自己 (Γλῶθι σανό)。人在哪个时刻突然醒悟到自己是与别人不一样的个体呢？特别是，能够意识到自己能够"观察和审视"自己的行为？这本书将给你一个很好的解答。

张雨青

2020 年春于中科院心理所

推荐序

　　这不是一本恢宏巨著，却蕴含着某种独特的能量。本书的作者多尔夫·科恩斯塔姆第一次跟我谈到人的自我意识瞬间苏醒的现象时，是在他着手写这本书之前。当时，出于对他本人的学养与智慧的深厚敬意，我认真听完了他对这种独特现象的描述，但实际上，对其是否真实存在，我的内心是持怀疑态度的。多尔夫所探讨的课题是我过往从事的儿童心理发展研究未曾涉及的。一直以来，我对儿童的外显行为，特别是具有前瞻性行为研究的兴趣，远胜于那些内在体验和童年回忆的报告。因此，"我就是我"这个话题并没有与我的个人体验产生特别大的共鸣。事实上，我完全不记得生命中曾经存在那种无法意识到自己是独立个体的体验。但是，当最终开始阅读这本书时，我变得越来越沉迷其中，并逐渐理解多尔夫对此所倾注的热情。而今，这本书成为我认识和理解这种非常有趣的人类心理现象的特殊窗口。那么，我对多尔夫这项研究的态度是如何发生这样彻底的转变的呢？

　　首先要说的是书中记述的那些故事，它们作为本书的核心内容所产生的影响是具有累加效应的。故事的讲述者大多是具有一定文化程度的普通人，他们出于对这一研究主题的兴趣，通过信件与多尔夫进行交流。还有一些故事选自名人的著作，如荣格的书。本书开头的几个故事非常引人入胜，随着故事数量的增多，我惊讶地发现自己竟然已经完全被它们吸引住了。所有的故事都围绕着唤醒人的个体性这一共同主题，但同时，它们都包含了众多具有独特性的元素，并以"口述"这种真实的方式加以呈现，这使得这些内容共同组成了一种丰富的令人印象深刻的对自我意识现象的叙事描述。从这些故事中可以看到，个体对自我、非我和外部世界的意识同时迸发，这好奇妙！它们让人感受到个体所体验的一场自我与他人急剧而意义深远的分离。这样的体验听起来近乎病理性的，但在大多数故事中，却有着与病理性完全相反的意味。这通常是一种强烈、极具价值、异常丰富的体验。所以，当阅读这本书的时候，我会沉迷于书中描述的那些现象，这是我多年研究生涯中所罕有的。这使我开始相信，这种自我意识的突然迸发，在个体心理发展上是一件意义非凡、里程碑式的事件，并促使我思考这些体验到底意味着什么。

　　这本书的影响力和独特性还体现在，多尔夫非常巧妙地将他的主旨思想及其与个体心理发展的关系融于讲述者的故事中，他似乎在不经意间组织了这些故事，却没有妨碍读者自主发现它们的丰富性。例如，他给予我们一个非常恰如其分的观点采择的框架，使我们能够轻而易举地通过换位思考发现不同人的观点之间的差异。书中的故事不仅为个体心理发展理论提供了支持，同时也提出了一些较为温和的挑战。例如，发展心理学家通常认为儿童只有发展到同时具备两个维度的认知能力后，才能形成稳定的自我同一性。一般要到 6 ~ 8 岁的时候，他们才能够持续地认识到，某个经过变形的物体与改变之前有着相同的量。比如，一块儿橡皮泥被压扁和它被捏成一个圆球时所包含的橡皮泥的量是一样的。这正如皮亚杰所解释的，这个年龄阶段的孩子能够在头脑中同时进行水平和垂直两个维度的思考，而不会完全受制于一个维度的感知能力。同样，只有在这一发展阶段，他们才能持续地思考：在他人的眼中，他们是如何被当作与众不同的个体的。本书对上述理论提出了挑战，书中故事的讲述者确凿地描述了他们在（比皮亚杰认为的）生命更早期发生的自我洞察体验。因此，儿童的认知发展并非像传统的心理发展理论所描述的那样，严格地遵循某种特殊的发展阶段。这一挑战同时引出了另外一个非常有趣的课题：在孩子更小的时候，这种较为复杂的、认识到自己是不同于他人的个体存在的自我意识是如何形成的呢？关于多尔夫从故事中提炼出重要的主题的例子还很多，其中一个最扣人心弦的是，这些故事所描述的体验是如何在某些时候反映出人们对生命短暂性的认知和应对的方法的。

本书以丰富的故事叙述及散布其间的个体心理发展的科学知识，为我们打开了一片崭新的视野。它并不是把个体自我意识萌生的现象简单地放进一个漂亮的盒子里，然后封存起来，它也不是一场简单的学术讲座，而是我心之所向的那种真正意义上的科学文艺沙龙：我们作为读者，和其他思维敏捷、活跃的参与者一起，被邀请到科恩斯塔姆位于阿姆斯特丹的优雅时尚的家中，一边喝着茶，一边聊着这些发人深省的故事及其带给我们的启发。当我们头脑中涌现一些问题和想法时，一部分答案可能就在手中翻看的书里，其余答案会留给我们自己去探索，或许在下次聚会时可以探讨。

约翰·E.贝茨

美国布鲁明顿印第安纳大学心理和脑科学系教授

儿童可能发生的最令人惊奇的一种情况，就是突然意识到他是一个独立的人。这种顿悟在儿童的意识中突然出现时，对他自身的影响有如排山倒海，惊天动地。通常有过这种体验的儿童，都对此印象深刻。

几个世纪以来，学者们一直努力探寻意识、自我意识等现象的起源。现代发展心理学也致力于确定儿童是怎样及何时形成自我意识的。研究表明，一般而言，儿童的自省能力是逐渐在其心智成熟中发展起来的。我在第十二章里对迄今已知的在儿童早期的这种心智发展做了简要总结。但也有些孩子，会在年龄较大的时候，突然以一种新的方式意识到自己的存在。这种体验会给他们留下深刻的印象，让他们刻骨铭心。即使在长大以后，一些成年人也仍然记得和这些体验相关的细节和情景。

把这些体验从早期童年记忆中识别出来非常重要。我们每个人都有第一份记忆或最早的记忆，它们通常是日常生活中不怎么重要的一些事物。人们最早的记忆大多始于 3 岁，但也有一些人始于 2 岁，还有一些人则完全不记得 5 岁前的事情。最早的记忆几乎总是比较平凡的，尽管它们可能在情感上对于我们来说意义重大。

本书的主题是自我意识的突然顿悟，这通常发生在年龄较大的孩子身上，大多在 7 岁以后，有的甚至发生在青春期。

能够记住儿童时期此类启示性事件的成年人并不是很多，但仍远超过我的想象。看看我收到的许多有关这个主题的信件和邮件就很清楚了。大多数人认为他们是唯一一个有这种"奇怪的记忆"的人，因为他们此前从未看到或听到任何有关此类体验的信息。

但他们到底为什么联系我，告诉我他们的故事呢？为了回答这个问题，我有必要回溯一下。几年前在瑞士，一位瑞士朋友给我展示了一段录音，这是著名的瑞士精神病学家荣格的英文采访录音。这段磁带录制于 1959 年夏，当时荣格已经 84 岁了。荣格在开始时的一段话给我留下了深刻印象。

采访者：您还记得您第一次感受到个体自我意识的时候吗？

荣　格：那是在我 11 岁的时候。某天上学的路上，我突然之间从迷雾中走了出来。这就好像我刚置身于大雾中，在雾中行走，然后我走出了它！我知道了，是我！我就是我！接着，我就想，那我之前是什么。我发现，我是……我之前一直是在迷雾中，不知道把自己与外物区分开来。我其实是万千事物中的一个罢了。

采访者：那现在看来，这是与您当时生活的某一特定情境有关，还是说它只是青春期的正常功能呢？

荣　格：嗯，这个比较难回答……嗯……据我的记忆，在此之前没发生什么事情可以解释这突如其来的自我意识。

采访者：您没有……比如说……正和您的父母争吵或者发生类似的事情？

荣　格：不，没有。①

---

① 后来，我了解到荣格在其自传《回忆·梦·思考》（Aniela Jaffe 编录）中也描述了这段。以下引自其英文版本（伦敦：柯林斯，1967）第49页："大约在同一时期，我还有过另一个重要体验。从我们居住的克莱因－许宁根去巴塞尔的学校，要走很长的路。有一回，我走在途中，一瞬间，一种感觉汹涌而至：我刚从浓密的云层中探出头来。我立即醒悟过来：现在我是我自己了！好像我的背后是一堵重重迷雾砌成的墙，刚才在墙后面，还没有所谓的'我'呢。而此刻，我和'我'相遇了。以前，我也存在，只是种种事物发生在我身上，现在，'我'发生在我身上了。我知道，现在我是我自己，现在我存在着。以前，我是按照别人的意愿做这做那，现在我要按自己的意愿。这个体验在我看来极为重要，是崭新的：我身上有了'主权'。"

我也说不清为什么我唯独对这一段采访有强烈的感觉。是在他的叙述中，我看到了自己青春期的一些东西吗？我确实记得有两件事情和荣格的描述有些相似，尽管相似之处不足以触发似曾相识的感觉。不，我觉得更可能是因为我早就对儿童的这种突然顿悟产生兴趣了。很多年前，我刚开始学习心理学时，我读到我的祖父，一位荷兰教育学教授，写的关于海伦·凯勒的文章。当时他对海伦 7 岁时的一次体验很感兴趣。

谁是海伦·凯勒？在她生命中的那个特定节点，她进行了怎样的飞跃式发展？海伦一岁半时因疾病而完全失明、失聪，也因此她的语言功能未能进一步发展，她成为一个暴躁的、不守规矩的小女孩。她的父母在绝望之余找到了家庭教师安妮·沙利文，请她来负责小海伦的教育。这位被请进海伦家里来履行职责的老师，显然是一位极富耐心、爱心和智慧的女性。

安妮曾在一封写给熟人的信中提及海伦的事，海伦的传记作者多罗茜·赫尔曼对此也有描述：大多时候，安妮尝试通过在海伦的手心上用自己的手指写字，来鼓励海伦也尝试用手指描摹，以此将海伦熟悉的物品名称和常用的动词教给她。

据那封信所说，一天清晨，安妮带着海伦去花园的泵房，一边让水轻轻地流过海伦一只手的手心，一边在她手心上写下"water"这个单词（海伦的另一只手拿着一个杯子）。安妮记录了之后发生的一幕：

　　这个单词和清凉的水流过她手心的感觉是那么贴切，贴切到似乎吓了她一跳。她扔掉手中的杯子，静静地站在那里，像被定住了，面庞焕发着不同寻常的光彩。她多次拼读"水"这个单词。然后，她蹲下来，问"地"怎么说，又指向井泵，指向格子架，还突然转过来问我的名字。我拼读出"老师"这个词。就在那时，保育员带着海伦的小妹妹也来到了泵房，海伦指向保育员，拼读出了"婴儿"这个词。在回屋的路上，海伦兴致盎然，学习了她触碰到的每一个物体的名称。就这样，短短几个小时，海伦的词汇量增加了 30 个，其中有"门""开""关""给""走""来"，等等。①

　　她"站在那里，像被定住了，面庞焕发着不同寻常的光彩……"尽管这张面庞上的双眼看不到任何东西。我提及这个著名的例子，不是想说海伦·凯勒在这一天有了自我意识，她生命发展中的那个时刻还没有到来，她的新理解仅局限于突然发现了一个触觉词汇的符号系统。但那一刻，她突然定住，完全沉浸在自己新的思想中，在我收到的许多信件中也有这样的描述。对儿童行为突然改变的观察鲜有完整记录，所以，安妮的这些文字显

---

① 多罗茜·赫尔曼. 海伦·凯勒：我的生活（*Helen Keller: A life*）. 纽约：Knopf, 1998：45–46.

得尤为珍贵。

我的祖父相信顿悟在教育中至关重要。他视他那个年代兴起的格式塔心理学为认知心理学的革命。在他看来，格式塔心理学是思维方式的哥白尼式革命。格式塔是大脑对分散的元素进行构建的整体，大脑通过感觉器官获取外界环境的信息。最神奇的是，大脑能从分散的感觉中寻找重要的关联性。这些感觉，从纯粹的物理角度看毫无关联，却同时作用于知觉。似乎大脑能够天然地在感觉间建立连接，将它们整合成一个有意义的整体，这就是德国心理学家在1900年左右提出的格式塔。人类的大脑把独立的部分构建成整体，而这个整体，能从其与之前的构建的相似性中被识别。所以，感觉不是被动地从视网膜接收视觉信息，从皮肤接收触觉刺激，或者从耳鼓接收震动，而是一个主动地去识别不同的感觉对整体——即格式塔——有什么重要意义的过程。这也是格式塔心理学背后的主要思想的核心：整体大于它的各个部分的总和。另一个关键理念是整体先于部分而存在。这意味着，我们的意识首先记录整体，然后我们才去关注组成整体的部分。也就是说，我们的大脑以闪电般的速度生成一个有意义的整体，然后交给意识，只有在这一步完成之后，我们才能专注于组成整体的各个部分。

举例来说，当爬到山顶欣赏风景时，你是怎样把下面的山谷一下子尽收眼底的？或者，你第一次看一幅画，是怎样看的？或者，你是怎样反映一个危险的交通情形的？尤其在最后这个例子中，真是多亏了我们先看到全局的场景，然后才注意和处理细节！

在漫长的进化过程中，我们的大脑发展了空前的容量，去注意有意义的"全局"。我们把这种对众多重要信息的整合称为顿悟。由此看来，哲学家和心理学家如此热衷于新的顿悟就不足为奇了，因为这是所有进步的关键。各部分突然以一种新的方式组合起来时会产生某种顿悟，无数的发明都是基于这样的顿悟而实现的。

日常生活中，人们可能在人际关系或体验的变动中获得这样的顿悟，也就是突然之间，某种顿悟进入我们的意识。如哲学家伯特兰·罗素在其自传中写道：

> 一天下午，我骑自行车外出，沿着一条乡村小道前行。突然，我意识到我不爱阿吕斯了，而在此前，我甚至都不知道我对她的爱减少了。①

与此形成对比的是他对阿吕斯的妈妈的叙述，他写道："我……逐渐认为她是我所认识的最邪恶的人之一。"

---

① 伯特兰·罗素. 罗素自传（*The Autobiography of Bertrand Russell*）[M]. 伦敦：乔治·艾伦和昂温有限公司，1967：147-148.

这是突如其来还是潜移默化的感觉？顿悟可能突然发生，但其实早已在无意识中逐渐萌生。

本书的关注点就是发生在儿童期的一种特殊的突然的顿悟，即孩子有了个体自我意识的那一刻。为什么我要从成人那里收集发生在他们童年的这种体验？直接询问儿童不是更好吗？我的研究主要基于成年人提供的久远的记忆，但众所周知，太久远的记忆往往不那么准确。但问题是，如果询问儿童，我就不得不访谈许多儿童，估计得数以千计，才可能获得些许与少年荣格类似的体验。而且，我并不知道该访谈多大年龄的孩子才适宜。我找到的唯一相关文献是由德裔美国哲学家、思想历史学家赫伯特·斯皮格尔伯格在 1961 年首次出版的一篇文章。文章中，斯皮格尔伯格引用了几位作家的描述，他们均在其小说或自传中描述了突然间的顿悟，斯皮格尔伯格称之为"我就是我的体验"。

其后，斯皮格尔伯格阐述了他自己的研究，包括访谈学生，询问他们关于类似的突然顿悟的记忆。本书末尾一章围绕斯皮格尔伯格的工作，对其研究成果进行了总结。斯皮格尔伯格的调查问卷结果信息量不是很大，他没有进一步追踪这个课题，但他表达了日后能有心理学家重拾这个课题的期望。鉴于我没有发现其他关于这个主题的公开发表物，我猜测我是第一个重新研究这个课题的人。

刚着手这个课题时，我在荷兰一家报纸上写了篇专栏文章，介绍我对突然顿悟的兴趣，并提及了前述荣格的案例。在第二篇专栏的末尾，我邀请童年有过类似体验的读者写信给我。我收到大约 20 封来信，其中，有人非常精确地描述了类似斯皮格尔伯格"我就是我"的体验。于是我发现，通过这种方式，可以更快、更精准地收集到更多研究案例。而这可比访谈上千名儿童更有效率。于是，我在广播电台、一本荷兰《心理学》月刊和德国《今日心理学》杂志上几次向听众和读者发出邀请。随着时间的推移，我收到了数量可观的笔述回忆，并把其中最有趣、最有信息量的故事收录于本书中。

大致有半数的信件和电子邮件符合我设定的客观性标准，即清晰、内容相关和明显可信。然后，我基于不同的内容，将符合标准的部分分述于本书第二至第十一章。

第一章介绍了出现在小说和自传中的这种记忆的内容。书末第十二章，我综述了迄今为止心理学界关于儿童自我意识发生发展的研究。在第十三章里，我简述了斯皮格尔伯格的工作。最后一章，我探讨了在阅读本书过程中读者可能想问的一些有关方法和研究意义的问题。

我非常诚挚地感谢那些信任我，愿意把他们非常私人的记忆分享给我的朋友。在很多案例中，我是第一个知道他们童年这份独特体验的人。

有时，我问自己，为什么会对这类记忆情有独钟。我想，这一定与我喜欢思考包括我自己在内的人类可以反思自我存在有关。人类能够意识到自己的独立性，不愿让自己总是淹没在芸芸众生中，不愿随波逐流，会时不时地停下来，想一想自己到底是谁，想成为什么样的人，能够勇于追寻真相——关于个体思考的孤独的真相。这种孤独，是即使身处亲朋挚友间亦挥之不去的孤独。

这样的人在一生中可能有那么一瞬间，为自己"像被定在那里了"的想法而吃惊。

我们知道，儿童几乎总是一刻不停地在动，他们密集地与外界互动着，如饥似渴地从周遭环境中吸收一切。然而，就在一刹那间，那繁忙的活动被猛然叫了一个暂停：儿童的头脑中闪现了一个想法，他便突然进入一个完全不同的意识阶段。这种意识及对这种意识的感悟，给孩子留下了非常深刻的印象，使其终生难忘。即使到了成年期，儿时的这个场景仍然会历历在目。

欢迎各位读者提供宝贵建议，如果你恰巧也有类似记忆，那么也欢迎和我分享你的体验。

目 录 I

1

第一章

从文学中的自我意识顿悟案例开始

在一些小说和自传描绘的场景中，有一些和荣格的描述很相似的例子。例如，著名的指挥家布鲁诺·沃尔特在他的自传《主题和变奏曲》（*Themes and Variations*）[①]中呈现了特别美的描述。

除此之外，我的内心既汹涌澎湃，又平静如水。被内外现象的激流冲击转动的所有车轮，最终在保持毫无条理的状态下停止转动时，成长中的男孩也经常表现出如梦如幻、如痴如醉的状态。我仍然记得，这样的平静最初是如何表现为一种忧郁的情绪的，我仍然能体会到我当时的感受，当时我作为一个 10 岁还是 11 岁的男孩所体验的那种精神上震颤的情景，至今仍然历历在目。我已经忘记了我为什么独自站在学校的院子里——我可能被罚关在里面——但是当我往外走到一个大广场，听见男孩们嬉笑玩闹的声音时，我备感空虚，觉得自己被遗弃了。我可以看到自己站在那里，被深深的寂静淹没。在寂静中，风轻轻吹起，我感到孤独感之中有一种莫名的、强大的东西紧紧地抓住了我的心。这是我第一次有这么一个模糊的概念，我是一个"我"，我有一个灵魂，它在某个地方通过某种方式被触动了。

---

① 布鲁诺·沃尔特. 主题和变奏曲（*Themes and Variations*）[M]. 詹姆斯·加尔斯顿，译. 纽约：阿尔弗雷德·诺夫出版社，1946：15.

布鲁诺·沃尔特出生于 1876 年，10 岁那年，他举办了人生中第一场钢琴音乐会。也是在那时，他萌发了一种体验，这种体验在他的余生一直陪伴着他。显然，他早年的天赋和音乐才华并不意味着他放学后就不会被留校——恰恰相反，他本人在回忆录中说："我音乐活动中的高昂、暴躁和激动的情绪……自然也反映在我的个人行为中。"

这段记忆中有突如其来的"I-am-I experience"（"我就是我"的体验）的某些典型元素。首先，男孩独自站在校园里，通常来说，校园里是挤满了跑来跑去玩闹的学生的，空虚猛然袭来，令人惊讶。平时，他的注意力通常会集中在他的同学身上，但此时直接指向了他自己。正如他所写的，这种内省对他来说并不罕见；但这是他第一次想到这一点——正如我们在相同年纪的 C. G. 荣格身上看到的那样——我是一个"我"。荣格记得一些"极其重要的东西"，布鲁诺·沃尔特说的是"一种莫名的、强大的东西"抓住了他的心。对于荣格来说，没有什么特别的触发因素，他只是像往常一样，独自一人去上学，然而，对于沃尔特来说，有一个具体的原因。在这两种情况下，最终结果却是相同的。

在回顾我从"普通人"那里得到的记忆时，很值得注意的是，操场总为自我意识提供背景。在后面的章节中，我们将看到这些记忆的例子，其中许多发生在操场上。

萨特在关于查尔斯·波德莱尔的书中写道：

　　我们每个人都能观察到，在童年时自我意识是偶然间来临的，也是具有冲击性的。吉德在《如果种子不死》中描述了这种体验，在他之后，玛丽·哈杜因夫人也在《黑色面纱》中描述了这种体验。但谁也没有休斯在《牙买加飓风》中描述的那么好。①

　　与萨特不同，我不相信我们都有这样的童年体验。也就是说，我所认识和询问过的大多数人根本不记得此类任何事件。但至少萨特注意到了他那个时代的心理学家未能解决的一个现象。他将其概括为一种普遍的人类体验，并在他的哲学和人类图景中给予这种体验一席之地。

　　萨特引用了休斯小说中主人公在本质上"发现了自己"的一段话，我遵照了他的模式，只不过我引用了英文原版中的内容，而他引用的是法语翻译版。萨特省略了部分段落，我自己引用的文本更少，重点放在与"我就是我"的体验有关的元素上。

　　然后，在艾米丽身上的确发生了一件非常重要的事情。她突然意识到自己是谁。

---

① 让－保罗·萨特.波德莱尔（*Baudelaire*）[M].马丁·图内尔，译.纽约：新方向出版社，1950：19.

人们搞不懂为什么这件事没有早 5 年或晚 5 年发生（当时艾米丽 10 岁）；人们也同样搞不懂这怎么就恰恰发生在那个特别的下午。

她一直在船头的角落里玩过家家，就在起锚机后面……她厌倦了在船尾漫无目的地走来走去，模模糊糊地想着一些蜜蜂呀，仙女皇后呀之类的。突然灵光一闪，她想到她就是她。

她停了下来，开始审视她视线范围内的自己。她看不到太多东西，只看到她连衣裙前面的那部分以及她举起来检查自己的那双手；但这足以让她对她的小身体形成一个粗略的概念，这个小身体是她突然间发现的——属于她自己的小身体。

[艾米丽脑子里闪过不同的想法]

她的每一个念头都在瞬间闪现出来，难以言喻；她一会儿大脑空白，一会儿想想她的蜜蜂和仙女皇后。如果把她有意识的思考时间加起来，它可能会达到 4 ~ 5 秒，也许更接近 5 秒吧；但它在一个小时的大部分时间内是分散开的。①

① 理查德·休斯. 牙买加飓风（*A High Wind in Jamaica*）[M]. 伦敦：查托 & 温达斯出版社，1992：134-155.

前一章提到的赫伯特·斯皮格尔伯格问休斯，他是否有这样的童年记忆，休斯回答道：

　　你肯定猜对了呀：整个事件基于我自己的童年记忆……只不过我当时比艾米丽小，大概六七岁的样子吧。奇怪吧，当我写这本书的时候，艾米丽的体验是很随性的，而我回忆起自己当时的体验，也一样是随性的。

在休斯的记忆中，事件没有发生在船上，而是发生在一段花园小径上。

记忆中还发生了另一件不相干的事——一只猫在玩一只活老鼠，这景象简直不能看……发生在花园小径上的那件事真的不是由这件事触发的吗？时至今日，我对这个问题还耿耿于怀。我很同情那只被折磨得绝望了的老鼠，我认为自己就是它。但我发现我根本不是那只老鼠呀，正是这个发现引发了一个问题：好吧，那我到底是谁？答案随之而来——我发现我就是我。这两件事都跟花园小径上的"我"有关联，但我是把它们分开来记的，我也没有证据证明它们是同时发生的，甚至没法确定它们是否是按我记的顺序发生的。

显然，艾米丽的体验让小说的读者印象深刻。因为萨特、埃里希·弗洛姆和西蒙娜·波伏娃都在他们的著作中引述了艾米丽的体验，他们引用得比斯皮格尔伯格要早多了。

值得注意的是，在艾米丽的体验中，没有什么可以说明这让她害怕，而休斯自己的记忆中可能是有恐惧感的。萨特将这种体验解释为：

这种闪电般的直觉是完全虚空的。这个孩子才刚获得了一种信念，即她不只是"任何人"，但也正是这种信念的获得使她只是"任何人"。她很清晰地感觉到自己和其他人不同，但每个人都有"自己和其他人不同"的感觉……我们能从令人害怕却毫无回报的发现中得到什么？大多数人设法尽快忘记它。但是，如果一个孩子意识到自己是一个有着绝望、愤怒和嫉妒情绪的独立存在，那么他的一生将建立在对"自命不凡"的无果的沉思之上。"你们把我赶出去了，"他会对他父母说，"你们从我所属的完美的整体中把我赶出去，并谴责我，要我独立存在……如果你想让我再次回来，那是不可能的，因为我已经意识到自己与其他人是分离的，与其他人是对立的。"他会对他的同学和那些迫害他的街头顽童说："我是另外一个人，和你们所有人不同的人。对我的痛苦，你们负有责任。你可以迫害我的身体，但你无法触及我的'独特性'。"①

在法国作家朱利安·格林（Julien Green）的自传中，他讲述了这么一个瞬间：在那一瞬，他感到自己被逐出了天堂，与世界的其他部分完全分离。当时，格林大概5岁了。

……坐在窗前，我突然意识到存在。每个人都知道，一个人感觉到自己与世界其他地方发生严重分裂时的那种特定瞬间……在那一刻，我只知道，我离开了天堂。当第一人称

---

① 引自萨特关于波德莱尔的论文。

单数出现在人类生活中时，它占据舞台的中心，并在那里嫉妒地待到最后喘息的时刻，这是一个忧郁的时刻。当然，后来我是幸福的，但不像以前在伊甸园一样幸福了，我们被一个叫作"我"的火热天使从伊甸园中赶了出来。①

"世界其他地方"，或者如萨特在前面的引述中所说的"其他人和事"，也包括父母。对于萨特和格林来说，突然的自我意识包括对我们单纯孤立状态的顿悟，也包括个体与他人的分离——一种存在的焦虑。

萨特当时可能不了解，其他作家也用中性或积极的语调描述了类似的体验。据斯皮格尔伯格所知（我也是如此），第一个这样做的是德国作家让·保罗（实际上是约翰·保罗·弗里德里希·里希特，1763—1825）。他在自传中做了这类描述，这本自传是在他去世之后出版的。和荣格一样，让·保罗是一个牧师的儿子，他住在上弗朗哥尼亚的一个小村庄乔迪茨。让·保罗已经不记得下面这件事发生在他多大的时候，只记得那时他是"一个非常小的孩子"。

　　我永远不会忘记这个从未向任何人透露过的现象——我

---

①　朱丽叶·格林. 绿色天堂（*The Green Paradise*）［M］. 安妮和朱利安·格林，译，纽约：马里恩·博伊尔斯出版社，1993.

的自我意识的诞生。我对发生的地点和时间记得一清二楚。一天早上——当时我还很小，我站在前门，看着左边的木桩，突然，闪电般的内观从天而降，从那时起，这个内观发光发热，相伴在我的左右。在那一刻，我的自我第一次看到了它自己，并且将永远能看到它自己。在这种情况下，人们很难对记忆进行错构，因为这种事件仅仅发生在圣洁的人身上，而且这类人的独特性会使这种事件伴随他们的一生，其他人的述说都不会将这种事件与其他事件混为一谈。①

卡莱尔在评论让·保罗的自传时，引用了他自己翻译的上面这段话，并做了介绍性的评论。对一些读者来说，如果不是无法理解，那么上面所讲述的情况看起来是无与伦比的；但对其他人来说就并非如此了。②

让·保罗的记忆与恐惧、孤独感或任何由此产生的感觉无关。这对 C. G. 荣格和布鲁诺·沃尔特来说也一样，他们体验这类感觉的时候年纪更大了。不过，让·保罗的话表达了一种强烈的感觉，那就是获得一种新的照亮一切的顿悟。

---

① 引自斯皮格尔伯格《存在主义心理学和精神病学综述》（*The Review of Existential Psychology and Psychiatry*）中儿童青少年时期的"我是我"的体验。
② 托马斯·卡莱尔. 批判性和杂项随笔（*Critical and Miscellaneous Essays*）[M]. 伦敦：查普曼 & 霍尔出版社，1899.

值得注意的是，斯皮格尔伯格按照卡莱尔的翻译，把让·保罗的"Ich bin ein Ich"翻译成"I am a me"。据此，斯皮格尔伯格创造了"I-am-me experience"这一短语，而我更喜欢一个能让人顾名思义的，并非用来指示一个特定的心理学理论的词——"I-am-I experience"（"我就是我"的体验）。我们将在第十二章中讨论这个问题。

让·保罗的童年故事让人想起了俄裔美国作家弗拉基米尔·纳博科夫在自传中描述的一段体验。18世纪革命前夕，我们从德国南部跑到俄罗斯，当时弗拉基米尔4岁。

在探索我的童年（这是探索永恒最好的方法）时，我把意识的觉醒看作一系列的灵光乍现，每次灵光乍现之间的间隔逐渐缩小，直到构成明亮的感知块，从而使整个记忆流畅起来。

我差不多在很早的时候就同时学习了数字和语言，但是"我是我，我的父母是我的父母"这一内在认知，似乎只是后来在我发现他们的年龄和我的年龄直接相关时，才被确立的。当我想起二者的关联时，强烈的阳光之下，层层叠叠的绿化带中的浅色光斑在我的脑海中浮现，这应该是我母亲生日的场景——在夏末的时候，在乡下。我问了一些问题，并评估了我得到的答案。所有这些好像都该以重演理论为依据，我们祖先大脑中的反射意识的萌芽，一定与时间知觉的萌芽是吻合的。

因此，当我 4 岁时绽放的、清新的、纯真的样子，与 33 岁的父亲、27 岁的母亲的样子对比时，我恍然大悟，受到了极其令人振奋的鼓舞……我突然觉得自己置身于一种具有辐射性和流动性的媒介之中，而这正是纯粹的时间元素。

就在那一刻，我敏锐地意识到，那 27 岁的、穿着柔软的白色和粉色衣服的、握着我的左手的人，是我的母亲；那 33 岁的，穿着挺阔的白色和金色衣服的，握着我的右手的人，是我的父亲……的确，我从我现在所处的这个遥远、孤立、荒无人烟的时代，看见我那渺小的自我，庆祝自己在 1903 年 8 月的那一天开启了我有知觉的生命。①

因此，对于纳博科夫来说，和其他许多作家一样，这跟单纯的灵光乍现无关，而是一系列小启发。但是意识到"我是我，我的父母是我的父母"，是那极其令人振奋的鼓舞的延续，随后还会有许多小启发。纳博科夫在随后的几页中记录了他童年的记忆，但没有一页描述了这样一种顿悟。这件事一定有些特别，因为他

---

① 弗拉基米尔·纳博科夫 . 说吧，记忆：纳博科夫自传（*Speak, Memory: an Autobiography Revisited*）[M] . 纽约：G P 普特南森公司，1996：20-21.

是那么清楚地记得情境中的细节，就像布鲁诺·沃尔特、C. G.荣格和理查德·休斯一样。

事实上，这些记忆都包含了细小而具体的细节，比如引自让·保罗作品的那些内容，它们证明了这些描述的可靠性，证明了它们不是后来虚构的。此外，同样的元素在这类记忆中一次又一次地出现，比如在孩子体验的地方有阳光。在我收集的相当多的记忆中，对阳光的描述并不总像纳博科夫描述的那样富有诗意，有时阳光是充满力量的。例如，当一个小女孩坐在马桶上时，阳光从窗户外射进来，洒在她的胳膊上。突然，她看到了胳膊上被阳光照亮的细毛，并意识到"我存在"！或者是一个走路回家的男孩看到了一枚闪亮的新铜币，他刚刚得到了这枚铜币，与女孩相同的意识就像一道闪电一样击中了他。

在纳博科夫的描述中，这个小男孩身上没有一丝恐惧，只有兴高采烈和欢欣鼓舞。我认为萨特希望在这种体验中看到更多的存在主义的焦虑，而不是大多数的描述所透露的那样，比如本章中呈现的那些描述和接下来的章节中的许多描述。

关于"我就是我"的童年体验中的情感，我和萨特的观点相悖，我将在最后一章的结尾讨论这一点。

2

第二章

"我就是我"：自我与他人的分离

"I–am–I"的顿悟体验发生在各个不同的年龄段。由于我的调查出发点是荣格 11 岁时的记忆，所以我最初怀疑成年人发给我的关于他们 3 岁时的记忆的真实性。诚然，弗拉基米尔·纳博科夫在 4 岁时就有了上一章描述的动人体验。但是，我想，纳博科夫毕竟不是一个普通人，也许他在还是个孩子的时候，就已经远远超过了同龄人。因此，在收集到的来自荷兰人的记忆里，我把那些发生在当事者 3 ~ 4 岁时的事件剔除掉了，我没有在第一个（荷兰）版本里发布这些内容。然而，与此同时，我又从讲德语的读者那里获得了更多与这个年龄有关的记忆，使我再也不能忽视这些故事了。

我是根据顿悟发生时的年龄来编排这些收集到的记忆记录的，这使我们能够看到年幼的孩子和年长的孩子之间是否存在典型的差异。人们自然能预料到，非常早期的记忆会表现出较少的分化，自我意识没那么有"深度"，在存在的孤立性方面没那么复杂，自主意识也没那么明显。接下来，让我们拭目以待。

瑞士的一位中年女翻译家讲述了以下故事：

3 岁　不是这些衣服！

那是在一个早晨，我刚刚醒来，把妈妈给我准备的衣服拿了出来。我看着这些衣服，心想，不是这些！我不想穿这些衣服。那一刻在我的记忆中非常清晰：我和她不一样；我从不想和她一样；她不知道我是谁；我想穿什么就穿什么！我不能也不会穿这些衣服，我挑我自己想要的。我很清楚，我是我自己，有自己的欲望。一方面，我觉得这一刻自己很有力量；另一方面，我也感到有些悲伤和孤独。

在这里，导火线是对这位母亲的无声抗议，是一个桀骜不驯的 3 岁孩子的倔强——想要与母亲不同，想要并能够自己做决定，这种意识给孩子带来了一种力量感和孤立感。这位讲述者最近刚提交了关于童年记忆可靠性的硕士论文，特意补充道：

> 活这半辈子，我总是能记住这一刻。看了你在《心理学》杂志上发表的文章，我第一次意识到这可能是"自我意识的诞生"的一部分。

然而，我的疑虑依然存在。一个 3 岁的孩子能产生这样一系列的念头吗？我们继续看两个例子，第一个来自一位年轻的德国女性。

3或4岁 在游泳池里

那一定是在夏天，我正坐在市游泳中心涉水池的台阶上。我的头发是湿的——看后来的照片就知道，我最喜欢做的事情就是把我的头发浸到水里。我首先注意到的是游泳池的颜色是浅蓝色的，还有我坐的地方旁边有排水口。

然后一种感觉就出现了：我可以把自己从人群中，从我周围混乱的声音中分离出来，我突然有了我自己的世界。我倒是没有认为"嘿，我是一个重要人物"，但是我可以把自

己和别人区别开来。这段体验至今仍记忆犹新。所以现在，当闭上眼睛的时候，我仍然能听到周围混乱的声音。我回忆起那一刻的感觉，仍然能笑起来——也许当时我也笑了。

这里描述的是一个人意识到她能退出她自己的世界的体验，这个体验简单直接，不需要诱导，这跟前面的例子形成鲜明对比。纯粹而简单的描述透露出生动的体验和顿悟，所以它给我的印象是完全真实的。

发生在非常幼小时期的故事还有最后这个，一名就读于维尔茨堡大学亚洲研究专业的 21 岁女生描述了以下场景：

3 或 4 岁　坐汽车穿过一个村庄

我们开车去我的祖父母家。我有 3 个哥哥，父母总是要把一家 6 口全塞进车里，可是这辆车实际上只有 5 条安全带，只有能容纳 5 个人的空间。因此，我经常站在两个前排座位之间，省得被挤，还能更清楚地看到路况。当我们穿过一个村庄时，我突然被一种感觉征服：我发现了我自己——我的"我"。我开始自己念叨着自己的名字（我不记得是内心说的还是大声说出来的）：卡—罗—琳。是的，我是卡罗琳！我一遍又一遍地重复我的名字，这样做使我更清楚地意识到自己。这种状态在我们驾车穿过村庄的整个过程中一直持续。

在这里，"名字"作为她关注自己的出发点，让她意识到自己。同样地，这个案例里的自我意识的觉醒没有外部诱因，也没有任何恐惧、孤立、蔑视或喜悦的感觉（如第一个例子）。与之相关的是一种情感中立的体验，体验中有令人信服的细节，即她站在一辆行驶中的汽车的两个前排座位之间，她的其他家人就在她身边。在后来的一封信中，这位年轻女子形容自己的性格是冷静内向的（"我喜欢内省"），亲近自然的，等等。很多人问我那些有着"自我意识"突然产生的记忆的人，是否有特别的个性特征，让我们在最后一章讨论这个问题吧。

正如我们在前一章（提及萨特的部分）所述的，这种突然的顿悟也会让人产生恐惧的感觉。德国奥斯纳布吕克，一位在组织学实验室工作的女人，也是两个孩子的母亲，向我透露了这样一段记忆：

5岁 在汉堡的一间房子里惴惴不安

我觉得这事是在我上学之前发生的，所以当时我应该才

5 岁。那是在我们汉堡的家里，刚刚发生了什么事，但我不记得是什么了。总之，我仍然能看到自己坐在一个特定的房间里，被一种感觉笼罩着。刹那间，我"知道"自己是一个独立的个体，一个独立的人，我被独自带离其他所有人，甚至包括我的两个哥哥姐姐的身边。我记得我很害怕，觉得自己很脆弱。在那一刻，我知道即使我的父母也不能真正保护我。在那一刻，我"知道"自己是孤独的，而且在某种意义上，我将继续孤独下去。这次体验让我害怕。

在我看来，这和前一章萨特的话表达了同样的情感。如果你花点时间，试着设身处地为这个小女孩着想，那么她的意识激发了她的这些情绪反应，也就不足为奇了。在第二封信里，她补充道：

你发表在《心理学》杂志上的文章，我一直在思考，且思考了很久。我从来没有读过或听说过关于"自我意识的诞生"的任何东西，因此我很想了解更多。17 年前我停止接受精神分析，我觉得很奇怪，我竟然从来没有讨论过意识到自己是独立个体的这段体验。我认为这是一个没有被深入探索的领域。

当这个女孩在房间里获得这种体验时，她是孤身一人吗？似乎是。

另一个同龄的女孩也确定独自一人的时候，有过这种灵光乍现的顿悟体验。不过她的案例中，没有恐惧的影子；相反，她感到了自由和力量。她是一名刚从德国多特蒙德退休的儿科护士，她的记忆可以追溯到 1952 年的一件事。

6 岁　户外厕所的启示

我的父母都是西普鲁士的难民。我们住在政府提供的逼仄的住房里，没有人能真正地独处。而且我那做专业传道士的父亲总向我们灌输：神能看见一切。唯一能让你真正独处的地方就只有院子里的厕所。我不记得当我在那里的时候，是否觉得上帝在我面前监视着我。我只知道老房东把小猫咪都淹死在那里了，所以这个地方让我很不舒服，但这是我唯一可以独处的地方。大概在我 6 岁时，有天晚上我在那儿待着，突然有了一种感觉，我只能用"汹涌澎湃"来描述这种感觉——这是一种从天而降的启示。我独自坐在关着门的厕所里，享受着这个秘密空间，一遍又一遍地大声说："我，我，我就是我。"这让我感到一种解脱，今天我仍能感受到当时那种力量。

这段记忆的特别之处在于，这个孩子体验"我就是我"的时刻，是在她附近唯一一个不会被别人听见或看见的地方——最多只能被上帝看到。显然，女孩不仅仅是为了上厕所而上厕所，还为了能有时间独处。然后就是在这儿，完全出乎意料地，她有了这次汹涌澎湃的体验。

一名来自德国的 19 岁学生回忆说，她为自己能够记住发生在她称之为"我人生中最重要的体验"之前的事情感到惊讶。

5 或 6 岁　在公共汽车窗口

我那时还在上幼儿园，总是乘公共汽车去上学。我就坐在窗边往外看，兴味索然地看着我们沿着自己熟悉的路线往前走。突然间，我感到一股能量或者类似的感觉涌上心头。看起来把我唤醒的是一个短暂的电脉冲，就像把我从日常生活中唤醒了一样。我明白我是一个个体，没有前世，没有来生。我还记得这让我害怕，我也记得自己不太明白为什么我能记得自己的名字，记得自己去过的地方，记得自己以前的存在。那天我到了幼儿园之后，感觉所有事物似乎都不一样了，尽管一切依旧如故。我开始从远处看我的朋友，评价他们，这样做也是拿我自己和他们做比较。我开始意识到自己的存在，但直到几年后我才明白这一点。那天的一切似乎也格外与众不同，哪怕只是简单地在操场上荡个秋千。时至今日，我仍然在回想这件事，因为这段体验让我充满了自豪感，虽然在阅读了《心理学》杂志上的文章后，我知道我并不是唯一一个有过这种体验的人。

当这一刻发生的时候，年轻的女孩很害怕，但回首往事，这段体验让她充满了自豪感。她对能够记住在这之前发生的事情感到惊讶，这让人想起荣格看到他自己从迷雾中浮现的体验，这种体验让他想知道在那一刻之前他是谁。

看完下面的叙述，你会更加理解这个女孩的惊讶。一位在幼儿园工作的年轻的德国老师，真的完全不记得在这之前发生过什么。

6或7岁 躺在床上，震惊突如其来

我自我意识的觉醒发生在一个周末。我说不上那天是星期六还是星期天，反正那天没有上学。清晨，我正躺在床上。突然间，我清晰地意识到我是多么独特——我的一切，包括我的模样,最重要的是,我的思想。我说不出我怎么会有这样的想法,但它就像一次震动。我从中得到的感觉是那么强烈和激动人心。我再也没有感受到如此强烈的感情了。这段体验也塑造了我的记忆能力。在这一天之前我什么都不记得。似乎我的生命在那个时候才真正开始,在我六七岁的时候。

这段"我就是我"的体验构成了她的第一段记忆,这一点非常值得注意,尤其是因为这个女孩已经六七岁了。毕竟,大多数人的记忆可以追溯到很早的时候——3 岁,甚至更早。以上描述是一个不同寻常的例外,它在我得到的回复中是独一无二的。

正如我们已经看到的,人们并不是因为孤独而拥有这些体验。这种突然的自我意识甚至可能发生在一个孩子和让他感到舒服的人在一起的时候。在下面这个来自一位德国记者的例子中,这个女孩并没有停留在她是一个独立个体的意识上,而是进一步得出了相应的结论:其他人也是独立的。

小学时代　看着我姐姐朋友的时候

很遗憾,我不记得我具体多大了,我只记得这发生在我上小学之后。我和比我大 7 岁的姐姐在她朋友家度过了一个下午。我们坐在她朋友的房间里，她和我姐姐坐在椅子上，我坐在她们旁边的地板上，阳台的门开着——这是一个美丽的春日或夏日。阳台旁边有一棵大树，我能听见鸟儿叽叽喳喳地叫。《阳光季节》（显然是大女孩们最喜欢的曲子）这首歌一遍又一遍地播放着。她们在聊着天。我不记得是怎么回事了，我并没有全神贯注地听她们说什么。我感觉很好。突然，当我看着我姐姐的朋友时，我想：她不是我。我就是我，而她是另一个人（你不属于我，我属于我，你属于一个真正的人）。然后我看着我的姐姐，也有同样的感觉：这两个人是另外的人，我和她们是不同的。我仍然清楚地记得当时的情形，以及我的想法和感受。一方面我感到很害怕，但另一方面，我认为这仍然是一种很好的感觉。我觉得自己比以前"更成熟"了。

到目前为止，我们只研究了女性的记忆。事实上，给我回信的女性比男性多得多——这一现象我们将在最后一章中讨论。但是令人高兴的是，这里有一份来自男性的回忆。一位 62 岁的雷根斯堡大学的生物学家写信给我："今天我读了你在《心理学》杂志上的文章，很惊讶有人在研究我自己曾经有过而且永远不会忘记的体验。"

8岁　我必须记住……

在这特别的一天，我刚刚上床睡觉，思绪纷乱。然后我突然意识到：有一个我——现在我正以一种完全不同的方式感觉和体验到有一个我，因为我感知到我的存在。我感到惊奇的是，我现在才第一次意识到自己的存在，并且确信这一定是我成长过程中非常特殊的一步。"我就是我"恰如其分地描述了这一点。当时它是如此生动，以至我完全意识到了自己。我一直记得，我是在8岁的时候第一次有这样的想法的。我想我一定要记得我第一次意识到自己的时候。

在这段我们看到的记忆中，他是在某一特定体验发生后，立即有意识地思考它，包括将这一时刻铭刻在他的头脑中，使它成为永恒的记忆。这种思考只发生在年龄稍大的孩子身上。在这个8岁的男孩身上，没有导火线引发这种自我意识的顿悟，当时他只想简单地上床、睡觉。

相反，在以下记忆中有一个明确的催化剂在起作用：战后，一个生活在潮湿、肮脏的家里的德国女孩，在上学的路上摘了一朵花。她意识到自己拥有这个宝贝，可以让她暂时忘记生活中日复一日的艰苦处境。这个小女孩后来成为一名有资格认证的教育家和心理咨询师。

8或9岁　在去学校的路上，我摘了一朵花

大约在1950年，我和我的哥哥姐姐住在一起。战后，孩子们的房间尤其容易显得单调乏味。

无论冬夏，房间的壁纸总是潮湿的，不同之处在于，在冬天它还会从那又冷又湿的墙面上脱落。所以每天早上我都盼着去学校，期待着学校干燥的环境和那点儿温暖。实际上，学校有一半已经被炸毁了，只剩下一半，只允许学生上4小时的基础课程。

走到学校需要15 ~ 20分钟。对我来说，这条路是令人兴奋的，尽管它只是一条小小的从小镇郊区通往教学楼的凹凸不平的沙子路。在路上，我发现了被篱笆包围的小房子。野生的爬藤植物攀缘而上，穿过篱笆，开出花朵。花朵的颜色从嫩红、浅蓝色到鲜艳的紫色，不一而足。这种美以其纯朴的姿态呈现在我面前，和它们贴近让我感觉到完满。于是，我常常带着孩子气的天真，把它们拉近我的身边，温柔地抚摸它们，跟它们说话。有一次，我已经这样做过好几次了，我摘了一朵特别漂亮的深紫色小花，小心翼翼地把它放在我的一本书里。在那一刻，我能感觉到一种可能是深层意识的感觉，一种我以前从未有过的感觉——某种东西从我体内溢出。拥有这朵花是一件特别且令人自豪的事，一件非常富足

的事，我从来没有和其他任何人分享过这种感受。在这之后，我的学业有了很大进步。

在描述了她的体验之后，这位心理学家提出了一个许多读者可能也会问自己的问题：这种体验在以后的生活中，对人格的发展有什么意义？

迄今为止，我认为这段找到我的"我"的体验，是形成健康自我意识的关键体验。我关于终身学习的想法，我积极的生活态度和我的职业选择，并非都是坦途，它们必定是要在体验曲折和艰难险阻后，才能马到功成的。

这一章的最后是 4 位女性的回忆，她们各自产生"我就是我"的体验时年龄较长，一位在 11 岁，一位在 12 岁，还有两位在 13 岁。这 4 段体验中，都有一个来自日常生活体验的导火线在起作用。一位中年德国精神治疗师讲述了她在她父母的家族公司里长大的经历。在那里，她与所有的员工发展了亲密的友情。

11 或 12 岁 你好吗？

那时，我在 5 公里外的县城上学。有一天，在去学校的路上，我意外地遇到了公司的一个办公室职员。她和我一起坐在长椅上，问了我一个问题："你好吗？"我记得当时阳光灿烂，人来人往，祖父当兵的那座旧营房就在我们身后。我非常喜欢这个脑袋圆圆的、红头发的女士。我好像是第一次听到这个问题。我吗？有人在问候我吗？突然，我意识到有一个"我"。这是我童年的一个决定性转折点。

以下描述来自一位 30 出头的荷兰女人：

11 岁 第一次祷告

那是五年级的一个早上，我最好的朋友住院了，人们担心她会死。我去了一所天主教学校，那天早上在课堂上，我第一次做了祷告。除此以外，我没有这样做过。在我们家里，大家都不信教。在我们的教室里，有一个瓷天使挂在墙上，我凝视着它。老师已经开始上课了。我突然有了一种深刻的感觉，这种感觉一点一点地深入我的内心，我意识到了"我就是我，我是利斯贝特，我将永远是利斯贝特"。这有点可怕，因为我一直下定决心，自己永远不能成为别人；但它又很美妙，因为我能够体验到一切，能够感知到一切。当我后来对自己重复这句话时，我又会有这种感觉，一层一层地深入我的内心深处；直到今天仍然是这样。

当我还是个孩子的时候，我将自己封闭起来，从来没有和我的父母谈论过这段体验。有时我也觉得很孤单，但从那一刻起我有了自己！

这种逐层深入自身的感觉，在关于"我"的记忆收藏中是独一无二的："观察我"逐层进入"存在我"。在这里，"内省"一词获得了一个完整的物理意义。在感知的那一刻，"有意识的我"——想必是从大脑皮层的额叶——注视着另一个"我"——那个玩耍和体验的孩子。然后"意识我"意识到"存在我"永远是它的家。这样是幸运还是不幸？我们之中不是有许多人会喜欢作为一个"观察我"，暂时地溜进另一个脑袋、另一个身体吗？一些人也不反对永久驻扎在另一个脑袋、另一个身体里。但在童年时期，至少在快乐的童年时期，待在自己的脑袋和身体里的感觉还是会占上风的。

在这个例子中，为生病的朋友祈祷，可能会把孩子的思想引向内心。当然，你、你的父母或者你的兄弟姐妹可能会因对死亡的恐惧，经常出现更强烈的自我存在的意识。这里所描述的体验的不同寻常之处在于，这种意识是如此突然、如此强烈地浮现在她的脑海中，以致这一时刻被凝固在了她的记忆中。

最后，我们还有两个较短的故事，两位荷兰女人在她们 13 岁时体验到了自我意识的顿悟：

13 岁 舒伯特的《魔王》

当时我在念高中。音乐课上老师为我们演奏了《魔王》："谁骑得这么快，穿过黑夜和大风？是父亲和他的孩子。"死亡临近的危险通过震撼的音乐传达出来，但死亡的声音是诱人而友好的。这音乐深深地打动了我。我从未有过如此强烈的感觉，我迷失在情绪中。我回到家，把发生在我身上的事告诉了妈妈。我说："很有趣，但直到现在我才知道我是海莉，那不仅仅是我的名字。"不久之后，我收到了她送给我的一份"就想送我"（just because）的礼物:《魔王》唱片。

13 岁 好似冷水穿透了我

这事发生在我转入中学后的第一个星期。我独自一人在家，突然间，我被这个想法抓住了：我是一个人，一个与众不同的人。我觉得自己仿佛是一朵突然开放的花，仿佛头顶绽开，仿佛有一股凉水从我的身体穿流而过。这让我感到强大、自由、充满可能性……我认为转到新学校促使我突然得到了这个启示。

在最后一种情况中，女孩的头再次作为"自我"的处所而使她体验到自我意识。只不过在这个例子中，体验不是指向内部的，而是指向外部的，就像一朵花一样舒展开来。她后来告诉我，她离开的是一所教育落后僵化的简陋小学。在这里，导火线不是死亡的威胁，而是一种对中学的新生活的期待。

3

第三章

"这是我的身体"：对身体的自我察觉

不管我对身体存在的感知的过程有多么模糊，但这个感知可能是我后来形成自我意识的最原始形态，是"我存在"这个概念的基础。

——威廉·詹姆斯，《心理学原理》，1980

人们的一些记忆会专注于对自己身体的觉察，并且这种觉察从自我反省的角度来说具有一定的意义。一位以歌手身份出道，现在在南德合唱团工作的指挥兼演奏员向我描述了这么一段记忆，在开头，她是这么介绍的：

我在一个大型的牧师住宅区长大。战后，那些住所被轰炸了的或逃亡的人也住在这里，以至这里变得更拥挤了。这些人之中，有我最心爱的教母，她在这里一直住到1947年。我是7个孩子中年龄最小的。我和我的家人可以一直住在这里，不过我父亲在1945年就去世了。

她继续写道：

3岁 第一次不用搀扶就能下楼

通常，我在这些人之中也可以自娱自乐，但有一天家里实在太混乱了，我当时应该已经有3岁了，我感觉自己受不了了。于是，我第一次自己一个人去找住在我们楼下的教母。我下楼时忘了要抓住楼梯扶手，就这样走了几步之后，我开始意识到自己竟然没有抓扶手，为自己的冒失警觉起来。然而，彼时彼地，我感觉到一种难以置信的愉悦涌上心头，因为我做到了，我不需要任何人的帮助，可以凭借自己的力量自由活动了。与此同时，我决定把这件事当作我自己的秘密，否则，这件事就没那么特别了。

最后，她说道：

我很少谈起这件事，因为直到今天，我几乎为这件"特殊的事"感到羞愧；同时，我也从不确定，从发展心理学的角度来看，这件事是否有可能真的发生。3岁的孩子有可能有这样一种体验吗？不过，在暗地里，我总是能从这件事上获取力量和自豪感！

正如我在前面的章节提到的那样，我也对在那么早的年纪里的记忆很怀疑。但根据著名心理学家威廉·詹姆斯的观点，这种连细节都保留下来了的记忆，似乎也是可信的。一言以蔽之：我既不怀疑这位女士所描述记忆的准确性，也充分相信她所说的这件事对她的意义——"我总是能从这件事上获取力量和自豪感"。

第一次对自己身体的意识被记住，这是一种简单的意识，并未直接使人得知这样的身体可以用来做什么。让我们来看看别的例子，一位来自杜伊斯堡的退休教师是这样向我描述的：

5 岁　地窖里的鸡宝宝和我胳膊上的血

在第二次世界大战结束后，1945 年夏，尽管我们住在城市里，但我的父母还在继续养小鸡，这能减轻我们维持温饱生活的压力。我们的住所是带有世纪之交艺术气息的新房子，有一块活动的地板和一个阳光充沛的地窖。在地窖里，有一个用柔软的金属丝网围起来的笼子，里面是新孵出的小鸡。笼子的盖子上有一个洞，当时 5 岁的我，被这些黄色的唧唧叫的小鸡迷住了，于是把手伸到笼子里，抓着其中一只柔软的小鸡抚摸着。那只小鸡反抗了，我吓坏了，猛地抽回了胳膊，还弄伤了自己。笼子上的网眼在我的皮肤上划出一道又深又尖的口子，血立刻就哗哗地流出来了。我凝视着自己的胳膊，那是我第一次意识到这就是我。这是第一次，我看到了自己皮肤上的毛孔，小手上那些细小柔软的白色绒毛，还有滴滴答答流着的来自我身体里的血液。对我来说，意识到自己是一个独立个体的体验，与自然而然地意识到自己的物理性质的体验紧密相关。

下面这段是一位中年荷兰女性所写的，最开始是一段普通的观察记录：

你写到了人们突然间清晰地认识到自己的一些体验，我自己也有过这样的体验。不过，每次我用语言叙述这些体验并分享给别人的时候，他们通常显得有些惊讶，就好像这是一些很平常、没有特殊意义的事情似的。

给我回信的人当中，很多人都表示，讲述这些记忆对他们来说是有难度的。这些记忆对于他们，甚至对于与他们亲密的人，比如伴侣、孩子、父母来说，是很重要的。他们曾将这些记忆告诉别人，但那些人体会不到这些记忆的重要性，于是表示自己没有过这样的体验，或者已经完全忘掉这些体验了。

但恰恰相反的是：此时此刻，人们发现那些看起来完全自然和平常的事情，实际上是意义非凡的。

8 岁　嘿，我是活着的！

我仍然记得在某个时刻，一个清晰的想法向我袭来：我是活着的！这件事发生在我 8 岁一次吃晚饭时。

我还知道我的弟弟也有过这样的时刻，也是在吃饭的时候。大概是在他 8 岁时吧，突然间，他伸出他的双手来检查，然后惊讶地咧开嘴笑着说："嘿，我是活着的！"

在这个例子中，兄弟俩凝视的是他们的手，而在小鸡的那个例子中，那个小女孩凝视的是她自己的胳膊。其实这种凝视能够直达身体更细小的部分——手指和指甲。一位来自圣达菲的荷兰女人是这样描述的：

8 岁　这是我的拇指和指甲！

那件事发生在 1941 年的海牙，当时我 8 岁 7 个月了。我能把我的岁数记得这么清楚，是因为两天后我得了猩红热，病得特别厉害。这件事我的父母跟我说了好多次。

我当时正站在公园大门前面的人行道上。公园的大门刚被刷过漆，人们在它的表面还能看到几滴干漆。我不知道自己当时是怎么到那个地方的，也忘了是不是有人和我在一起。

我感觉应该就是我自己一个人，但想想这好像又不太可能。当时我用我的右手拇指刮起了一滴干漆。突然之间，我看着我的拇指和上面的指甲，意识到那是我的拇指和指甲。那是一片很不错的指甲（到现在也还是），然后我意识到我很高兴和满足，意识到自己脱离于当时所有人之外了。那个安静的瞬间非常短暂，不过从那时起，我看待我的朋友和父母有了不同的眼光。具体是怎么发生这种转变的，我也不清楚，只知道我已经有所不同了。

在看完这些女性的描述以后，我们来看看男性的例子。一位来自德国罗斯托克的年轻有为的心理学家，在婴儿时期因为生病几乎完全失明，他记忆中发生过这么一件事：

大约 8 岁　我的举止漂亮极了

二年级的时候，我们有一次去实地考察。我们班级在操场上活动，我发觉自己有些远离伙伴们，手里拿着些什么在吃。慢慢地，我开始走向其他伙伴，同时心里在想，我喜欢我自己，因为我正在活动呢，我发现我是自主的；并且想着，在这儿，我在别人面前漂亮极了——我的外表、我的举止都漂亮极了。

下面这段记忆来自一位年轻的荷兰女人，这是一段在夏天黄昏时的户外记忆。

12 岁　光着脚在潮湿的草地里穿过，这是我的身体！

那是很热的一天。在一阵大雷雨之后，我跑到附近的一个小公园里。当时天快要黑了，我光着脚在草地上跑过。突然间，我看着我的胳膊和腿，想到这胳膊和腿长在我身上，这是我的身体，我用这个身体能做任何我想做的事情。这是我的生活，我来决定我的生活是什么样的。这是一个令人震惊的想法，它让我开心极了……这次体验也成就了后来的我。以前在学校里，我总是被其他孩子欺负。在那一刻，我决定我不会再被欺负了，而我确实做到了。

这里我们再一次看到了一次体验在后来对人产生了影响。这种情况是常见的，尤其在年龄较大的孩子身上。例子里的小女孩认识到了自己的个性和自主性，因此决定要好好地活着。大多数年龄较小的孩子有类似体验，但不会产生这么确切的后果或后续的影响，至少没有人这样告诉我。

人们甚至可能会在更大的年纪里，意识到自己身体的体验，然后和自己的身体之间产生距离，就像下面这位来自阿姆斯特丹的女性所描述的那样，她今年 49 岁了。

大约 14 岁　在国立博物馆前面的电车站

我当时正等着乘街头电车（10 号线，国立博物馆站）回家。在我的印象中，我是独自站在电车站的。突然间，我意识到了我的身体，以前从来没有过这种感觉。我很清晰地感觉到我活在这副身体里面，就在这层皮肤的里面，我很安全。我的眼睛是我领会这个世界的窗户。在那之后，我再也没有过那种感受了。

这里，人把自己的身体看作能够让自己住在里面的安全的房子。

到现在为止，一直还没有人在描述记忆时，提到关于自己是男性或者是女性的意识。在这方面，本章最后的这一段记忆和前面的那些有所不同。这段记忆来自一位年轻的德国女人，她在家里排行老五，家中的其余五个孩子全是男孩。那时，他父亲常说她是个假小子。

14 岁　我是玛莉卡，我是个女人！

　　我在一所纪律严明的感化院上学。有一条纪律规定，男孩和女孩要分开上体育课。这个课程可不受欢迎了，班级上许多女孩子假借来例假之名不去上体育课。这个借口很管用，于是常来"例假"的女孩越来越多。到后来，上体育课的女孩只有寥寥数个，课堂上大约有 20 个女孩只是坐在长椅上谈天说地。最后，我们的体育老师决定对我们严加约束，他说："我不会再忍受你们这样利用自己女性的特点了！"

　　体育老师的话让我震撼了。一整天，我都在想着，我是个女人啊！我真的是一个年轻的、14 岁的女人！我一直兴高采烈地告诉自己，我是玛莉卡（Marieke），我是一个女人！到了晚上，我将这件事写进了日记本里。在那之后的很长一段时间，生活看起来有了不同的色彩，因为我常常意识到我是一个女人，而不是一个男人的事实——我是一位女性，是一个年轻女人。之后的整整一周内，我随时随地都会想起这次体验，不管是在学校里，还是在列车上。而且，我想知道其他的女孩是不是也有相同的体验。不过，我从没跟别人谈起过这件事。

我们都知道，玛莉卡早就知道自己是个女孩了，她也早就知道自己终会长成女人的。她在男孩堆中长大，她对这一点是很清楚的，尽管她曾经像个假小子。她也知道她已经来过初潮了。然而，这一切都未曾让她意识到自己的女子之身，意识到她是和她兄弟那样的男性有所不同的"真正的年轻女子"。我对这些意识所持有的假设之一是，那些未曾和父母或者其他人交流过特别亲密的话题的孩子，也会产生这样的体验。

打个比方，如果玛莉卡的父母曾看过一些育儿书中关于如何和孩子们谈论性的建议，并且根据这些建议来做，那么玛莉卡体育老师的那一句话，就可能不会引起她的那一次体验了。为了增加她描述的真实性，这位年轻女性给我寄来了她所提到的那篇日记的一份复印件。

4

第四章

镜子：通过镜像建构自我意识

几乎所有的父母都有这样的体验，抱着自己的宝宝来到镜子前，对着镜子问宝宝："咱们看到的是谁呀？"或者他们不等孩子自己意识到那正是孩子自己，便迫不及待地告诉孩子："看，那是……"然后说出孩子的名字。当父母带着孩子一起看照片时，往往也会发生同样的事情。最终，每当孩子与父母一起在镜子前，被问起他们在镜子里看到了谁时，孩子就会用自己的名字来回答。然后父母就会感到满足，并认为这表明孩子已经建构起来了自我认知。

但对自己做出思考的发展过程是一件复杂的事情。举个例子，瑞士心理学家让·皮亚杰观察自己的小女儿杰奎琳。他开始相信这个当时只有 2 岁的小女孩，已经可以在镜子里分辨出自己了。一次在与自己的爸爸和姐姐散步之后，杰奎琳说她想要看看镜子里的爸爸、奥德特（杰奎琳的姐姐）和杰奎琳，就仿佛镜子里的杰奎琳是与她自己不同的存在。这让皮亚杰感到十分惊讶。一年以后，这个小丫头看到一张爬山时她自己趴在皮亚杰背上，倚靠在他的肩膀上睡觉的照片。

她指着自己着急地问："哦，那是什么？我害怕。"

皮亚杰回答："那是谁，你不认识吗？"

"我认识，"她说，"那是我，杰奎琳正这样做呢（模仿照片里的动作），所以她不害怕。"

第二天，皮亚杰又给她看另外一张她的照片，问她这是谁。

"这是杰奎琳。"

皮亚杰又问："这是你吗？"

"是的，是我，但照片里的杰奎琳在头上戴着什么？"[①]

所以，这是她，也不是她。让孩子辨识不同情境下的照片，比如穿着不同衣服、在不同年纪时的照片，来说明他们在这么小的年纪还没有形成稳定、清晰的自我认知。

但照镜子的低龄儿童已具有自我意识，迈克尔·路易斯所观察到的那个现象能说明这一点。

戴维是一个热心于帮助妈妈烤布朗尼的2岁男孩。他有点儿过度热情了，手里拿的面粉比碗里盛的还多，于是妈妈让他去好好洗洗。在水池上的镜子里，他欣喜地发现，他脸上有面粉，于是尝试用小手去擦掉。[②]

在一系列扩展实验中，路易斯和他的同事采用了一种镜子技术，这种技术是由高登·盖洛普在他研究大猩猩和其他非人类的灵长类动物的工作中创立的。盖洛普悄悄地在动物的鼻子上放一些染料，然后观察它们在镜子面前的行为。这个动物会像看到另外一只同类那样去触碰镜子中的脸，还是去摸它自己的鼻子呢？

---

① 让·皮亚杰. 童年的玩耍、梦和模仿（*Play, Dreams and Imitations in Childhood*）［M］. 纽约：诺顿 & 公司，1945/1962：224—225.

② 迈克尔·路易斯. 羞耻：自我暴露（*Shame: The Exposed Self*）［M］. 纽约：自由新闻出版社，1992：47.

在所有灵长类动物中，只有大猩猩能够辨识，并能用镜子中的影像指导自己处理脸上的染料。

路易斯和他的同事采用与盖洛普相同的技术，通过研究发现，当研究人员悄悄地在这些婴儿的脸上涂上胭脂后，15 ~ 24 个月的婴儿会在镜子前触摸自己的身体或脸。涂了胭脂后会这么做的婴儿明显多于涂胭脂之前的数量。

婴儿大约在 15 ~ 18 个月时会做出他们标志性的样子，比如做鬼脸，伸出自己的舌头，或者看着自己从镜子边出现或消失。这些行为似乎表明，关于（镜面）形象的性质的意识在发展。在孩子们开始做那些动作的同时，他们也开始触摸脸上的印记。我们的好几项研究结果出奇一致地显示：印记指导行为绝不会出现在小于 15 个月的孩子身上。从 18 ~ 24 个月，这个现象出现的次数会迅速增长：18 个月时，大概有 75% 的婴儿出现印记辨识现象；到 24 个月，则 100% 地出现印记辨识现象。[①]

结合使用不同类型图片的多种技术的结果，路易斯和他的同事记录了童年时期早期自我辨识和自我意识的一些发现。这被看作客体自我意识的开始。在客体自我意识中，孩子的思维会将自己视为一个客体；与之相对的是主观意识，在主观意识中，孩子的思维只是对感觉信号做出反应，比如从楼梯上摔下来时的自我

---

① 迈克尔·路易斯. 羞耻：自我暴露（*Shame: The Exposed Self*）［M］.
纽约：自由新闻出版社，1992：48.

保护。我将在第十二章和第十四章中，再回来讨论路易斯关于自我意识和自我认知的发展的观点。

在正常发展中，"镜子里的脸就是我的脸"，在年长儿童看来已经很明确了。但此时可能会出现另一个新的不确定的念头。这个念头转而关注隐藏在镜像背后的特性：其他人也会像我自己一样，来看待我这个个体存在，并对我做出评价吗？法国作家玛格丽特·尤瑟纳尔还记得下面的体验：

> 我借助记忆中穿的衣服和我周围的家具，能回想起自己大约8岁时，我看着镜子中的自己，对自己说："看，我，我很重要，这些人不知道。""这些人"——我是指每一个人，所有我身边的人。作为一个孩子，那时的我其实很害羞，直到现在也还是有点儿害羞，所以当我很明确我是某人时，我感觉挺奇怪的，当时还有一种模糊的荣耀感……[①]

通常，一个人注意到自己的镜像时，或多或少地会处于一种不经意的或心不在焉的状态。当然，有时如果出现一些明显的不同的话，一个人也会多注意一下，比如眼睛下面有一处刮痕或黑

[①] 玛格丽特·尤瑟纳尔. 睁开眼睛：与马修·盖利的对话（*With Open Eyes: Conversations With Matthieu Galey*）[M]. 亚瑟·戈德哈默，译. 波士顿：灯塔新闻出版社，1984：34.

眼圈的时候，或者眼影有些花了的时候，这有时会促成孩子形成关于外在形象的自我反省。个体作为一个人，对镜中自己的样子进行自我反省性的观察，是本章的主要研究内容。在这里，由镜子中的面孔或身体所激发的意识是有力量的，它会促成个人的反省。这些在普通的日常事件中所产生的想法，本身是微不足道的，但它们给人的印象是那么强烈，强烈到在孩子的记忆中打下了烙印的地步。

在内容方面，不同人的想法可能大不相同。对小玛格丽特·尤瑟纳尔（在当时她有另外一个名字）来说，这内容是"我很重要，只有我知道这一点"。她的自主意识苏醒了，并衍生出了一些特别的东西：一个关于（长大后的）荣耀感的模糊概念。一些人写信给我，把这个解释为：我不只是且不同于我在镜中看到的自己，同样不只是且不同于其他人所看到的我。

这些人的想法也表明："这件事只有我自己知道，别人都被蒙在鼓里呢。"也会有人有相反的想法："我没看见那个我认为我就是我的人。"

在所有寄给我的、关于自我意识突然显露的记忆的信件中，镜像只在少数人中起到了中心作用。显然，在镜子里看到自己并不是形成这种意识的先决条件。此外，不同人看到自己的镜像所引发的感受也大不相同。在某个特定的时刻，一张脸可能看起来和平时不一样，这会引发强烈的自我意识；或者一张脸可以看起来和平时一样，但仍然会引发与个体内在体验不相符的另一种体验。

下面是一张脸发生短暂变化的例子，一位来自德国奥伯鲁塞尔的中年画家回忆了自己的体验。

4～5岁　因麻疹而卧床休息

那时我很小，还没有上学，我因麻疹而卧床休息。这个病唯一的治疗方法就是躺着休息，当时我还发着高烧。我的床边放着家人刚给我买的橱柜，柜子的大门能反光。有人（可能是我妈妈）打开了这扇门，方便我在躺着的情况下也能看到自己。我看着镜子中女孩的脸，上面散布着红色的点点。在那一刻，我醍醐灌顶般地确定，那就是我。

下面一段记忆来自一位年长的荷兰语老师。

5或6岁　我看到一张面无表情的、空洞的脸

当时我还是个小女孩。那是一个安静、炎热的夏日午后，我站在我家凉快的白色浴室的大镜子前。家里人好像都在睡

觉，周围一片寂静。我自己在浴室中，爬到一个凳子上，看着镜子里自己的脸。我照镜子照了很久，平时可没那么久。这到底是谁？这是我吗？我又是什么？我看起来和我原来想象的不同。我不是一个聪明、快乐、充满许多想法的女孩吗？我相信我是漂亮而聪明的，也有很多人这么说过，但在镜像中，我并没看到这些。

梦幻般深邃的目光看起来不是充满好奇而是无聊。这张脸看起来并没有很特别，也没有很漂亮。它没办法反映出常在我脑海里闪过的那些迫不及待的"为何如此"的疑问，以及那些振奋人心的想法。我看到一张没有表情、空洞而苍白的圆脸，这张脸与我沸腾、活跃的思想毫无关系。那么，现在的问题是，到底哪个才是真正的我，镜子里的那个还是我思想中的那个？

这位女士指出，当还是孩子时她并不会说荷兰话，所以只有在回忆时，她才尝试用荷兰语表达自己的想法。原则上，这不会带来任何问题，因为大部分我就是我的体验或我不是我的体验，正如上面的例子那样，都是无声地进行的，只有当某人想要跟其他人分享这些体验时才会付诸语言。

一个来自杜塞尔多夫的秘书，也是一位年轻的妈妈，最近正在找工作。她同样记得自己体验过一个非常惊讶的时刻，当时她看到镜子里自己的模样，还看到了她所认为的她的"我"——一个非常惊讶的时刻。于是，这催生了一系列哲学思考。

7 岁　在儿童浴室的镜子前受惊

此事发生在儿童浴室的镜子前。每天上学前，我都会洗个澡，然后在镜子前刷牙，梳头，还要在脸上抹乳液（我可能一直都有点虚荣……）。一天，我一如往常地看着镜子里的自己，直视着自己的眼睛，这时，我突然发现一个被称为我的"我"从自己的身上完全分离出来。

然而，我非常吃惊，因为我在镜子里看到的确实不仅仅是一个人，也不再是原来那个孩童的我，而是人类这个族群的成员之一。也就是说，在我意识到自己作为一个独立的人的同时，我也意识到自己是大千世界的一小部分。

我知道我照镜子照了好久，一直看着镜子里自己的双眼。但我不明白，我明明就是我自己了呀，为什么还得为了理解其中的差异，而一次又一次地用一种新的目光看待自己？一方面我对自己有更清晰的意识，但另一方面，我为这个新的"我"所震惊。自从有了这次体验以后，我一直觉得自己和其他人有些不同，也开始充当观察者的角色。

我们得反复阅读这段话，才能弄清楚这个女孩脑子里到底发生了什么。（一个人）意识到（自己是）作为一个远远大于个人或家庭的更大整体的一部分，这是第十一章的主题。一个人对自我的思考，可以和作为人类或自然的一部分的体验相伴。这个女孩突然在她所熟悉的面孔背后，发现了一个不同的自己（你愿意的话可以称之为她的精神或灵魂），并感到她的精神与其他的灵魂产生链接。这是她身为人类成员的意识的巨大飞跃。她不再只是那个有着她所熟悉的模样的小卡罗琳（这对她来说很重要），而是一个懂得思考的人类孩子，她的想法把她和其他人联系在一起了。随着她逐渐意识到这一点，她开始注意到内在和外在的巨大差异。

一位来自荷兰的心理学家，同样发现了外表和思维之间的巨大差异，正如他在下面的段落中描述的那样，体验着"真实的"自我。然而，与前一个例子不同，这个例子中并没有伴随着一种作为人类整体的一部分的个体感觉：

9 岁 我是看不见的

我 9 岁时，开始把自己看作一个大男孩了。这得益于我是班上个子最高的孩子的事实。我几乎不知道自己是谁或是其他什么，但也就在差不多这个时候，我开始观察自己了。当我父母不在家时，我就会坐在他们的床的下沿处，在妈妈的梳妆镜中看自己。我并不经常这样，但隔一段时间会看一次。一次，我想，我不去用别人看我的方式看自己，也不去用我看别人的方式看自己。有些东西缺失了，有些东西看不见了。在我内部还有一个更丰富的、更完整的世界，而这个世界从外面看是看不到的。对于我来说，想法和感觉中的世界是非常真实的，可能比我的外表更真实。同时我开始有了一种意识——我在内部，所以我真的不是能够被看见的。这个发现给我留下了深刻的印象。

事实上，指向内部的"我就是我"的体验中，由观察自己的镜像所激发出来的内容其实很少，这并不奇怪（我收到的回复中这类记忆很少，假设我们能基于这个事实而得出这个结论）。当在镜子里看自己的面孔或身体时，我们只看到了外部，而且这仍然只是镜像，甚至都不是别人所看到的我们的样子。事实上，当我们审视自己的镜像时，我们可能对自己的外表有不同的想法，特别是对自己外表的正面或负面评价。但从镜子里看，并不特别有利于人们思考别人看不到的内在的、隐藏的自我（如同上面两个例子中的一个），我们顶多可能会想到与我们在镜子中看到的自己的模样截然不同。这远不如我们了解到自己是人类中的一员那样丰富和复杂：那不是我，或者最多那是我的一小部分。

在研究有关镜子元素的文学史和绘画史时，萨宾·梅尔基奥·邦内特没有提到任何构成本书主题"我就是我"的体验。她确实提到了前文所述的关于孩子们和他们镜像的体验，但是在她富含热情的文学研究中，她显然没有完全发现镜子会触发一种内省型的个人思考。①

现在让我们考虑孩子们在年龄大一些的时候发生的两种体验。第一个例子是一位在音乐学校教长笛的老师，她是两个即将进入青春期的孩子的母亲。她描述了一个孩子照镜子照久了，在思考她在里面看到的是谁或者其他什么时，可能引发的困惑。

12 或 13 岁　那是我吗？

有一次，我在自己的房间里深深地看着镜子里自己的眼睛，然后默默地对镜子里的自己说，那是我，那是我。那应该是一个假期或周末的早上，因为我在思考的世界中沉浸了很久。我就一直站在那儿，照了好久的镜子，然后突然间发生了一件奇怪的事情。"我就是我"这句直白的话引发了这个问题：这是我吗？我感觉到我的思绪从身体中游离出来了，似乎我正在从很远的地方看自己的外壳。"多么有趣呀，那就是我！"诸如此类的想法闪过我的脑海，我进入一种半清醒半模糊的状态。我几乎什么也看不见，什么也听不见，在

① 萨宾·梅尔基奥·邦内特. 镜子：一段历史（*The Mirror: A History*）[M]. 伦敦：泰勒 & 弗兰西斯出版社，1994/2002.

这种状态下，我还是有点害怕，立马跑下螺旋楼梯——我要和我的父母、姐妹们在一起，慢慢地恢复正常状态。没有人对我说什么，我也没和他们讲话。

她回忆时补充了下面这段话：

但两周后，我问比自己大两岁的姐姐是否体验过类似的情况，可她不知道我在说什么。我当时对这次的体验非常好奇，想要弄明白到底发生了什么。后来，我发现自己当时下楼很迅速，其实是因为某种羞耻的感觉，所以，我想重复这种体验。我尝试了很多次，其中有两次成功了。那两次，我只是简单地待在自己的房间里。直到后来我才意识到，这很可能是自我催眠引起的一种恍惚状态。我和一个好朋友谈过一次，但从未听说过其他人有这样的体验。

在这一章接近尾声之际，我想谈谈我自己童年的一段记忆。

11或12岁 第一次独自在自己的屋子里

其中一段记忆是在我大概十一二岁的时候发生的，我知道自己多大，因为那正好是我 1949 年搬到海牙前的一段时间。在这段记忆中，我站在洗脸盆里面，洗脸盆上方有个大镜子。那时我自己一个人光着身子正准备洗澡。

通向走廊的门是关着的。外面是白天。那一两天，这个小房间完全属于我一个人。而在那之前，我一直和我的兄弟姐妹同住在这个房间里。我们一共有 6 个人。在那个我准备要洗澡的屋子里，我惊奇地意识到只有自己一个人在那儿。

这段记忆难以言喻，我发现清晰地表述自己当时的心境并不容易。那时，我什么也没感觉到，没有害怕，也没有孤独。我的父母和兄弟姐妹，在其中没有扮演任何角色，至少不是主角，也许他们只是背景中的导火索。而且，在我看来，这与性无关，与我发现自己的身体是情欲的来源无关。最强烈的感受是我意识到自己的自主性和独立性，这当然与我生命中第一次拥有自己的房间这一事实有关。这就引出了镜子是否扮演了一个角色的问题：据我估计，情况并非如此。我没有看镜子里的镜像。正如休斯所描述的艾米丽那样，今天，在回忆这段体验时，我仍然能看到的是我身体的前半部分。

为什么我在 15 年后的今天还记得这件事？我那时的体验肯定给自己留下了深刻的印象，它牢固地根植于我的记忆之中，所以并没有和很多其他记忆一样消失。因此，尽管回忆的内容不带任何感情基调，但这次体验必定有某种冲击。我仍然能清楚地记得，同一时间发生的一些令人情绪激动的事件，例如，某个事件与巨大的恐惧（比如说可能会穿过雨水沟进入房子的窃贼所带来的恐惧）、悲伤或愤怒有关。如果说洗脸盆的体验引发了强烈的情绪，那么为什么我不能记住这个事件中的那些情绪，却能够记住其他事件中的那些情绪呢？

我十分肯定地知道，这段记忆是我童年时的一个真实事件；但我很难用言语表达当时在我身上发生了什么事情。

5

光明与黑暗：屋内

萨特曾提及玛丽·哈杜因的记忆。这位作者把她的自传命名为《寻找永恒》，这明显是对普鲁斯特的著名小说《寻找消逝的时间》的影射。玛丽·哈杜因在自传中提到，她记得自己 4 岁时的场景：

4 岁　正要出门时

在我生病之前的几周（我 5 岁时得了髋关节炎），那时候的我仍是一个躁动不安的小孩儿。一天早晨，我正要出去玩儿，一种奇怪的感觉侵入我的脑海。楼梯板上飘出一股刺鼻的味道，一束阳光透过黄色的玻璃板照射进来，变得更加强烈，我站在那儿一动不能动，像有一只手放在我的肩膀上一样。"我就是我！"我对妈妈嘟囔着。妈妈被我今天的失常震惊到了。好像有个很大的声音在说："太棒了！这个感受着一切、看着一切的人——这就是我！"

阳光照亮大地，照亮房间，也照亮我儿时的记忆。而漆黑一片则常常催生突然的自我反省。这一章主要是孩子在家里的体验，第六章讲述的体验主要在室外。根据事情是发生在屋内还是室外，我将阳光充当着重要角色的记忆分别排在了这两章里。

尽管过去了很多年，一个来自瑞士图尔高的女人依然记得当时的情况：

4岁　在窗户旁边

那是一个美丽的春日，我一个人在卧室里。其实我经常一个人在卧室，因为我的妈妈要做家务，而且还怀着没出生的妹妹。所以我经常站在窗户旁边，并且看到一些很有意思的事情，我也经常幻想。比如那天，天空比以往更蓝，太阳比以往更加灿烂。我爬上一个脚凳，这样我就能更好地看到漂亮的风景。站在上面以后，我突然觉得自己不是原来那个小女孩儿了，更像是一个探索新大陆的人。我惊奇地四处看着，为所有映入我眼帘的事物感到震撼、开心。我看到了鸟儿在树顶上叽叽喳喳地叫，阳光在树上玩耍，地面影影绰绰……突然我开始唱歌，歌唱这美好的世界。然后我开始意识到，我是这个世界里的一个个体，意识到自己很想成为其中的一员。我继续唱歌——除了大好世界以外，其他的词都不记得了——我感觉特别好。

"然后我开始意识到，我是这个世界里的一个个体"这句话很好地表达了我在书中记录的记忆的核心。

一位荷兰的中年女士写道：

7 岁　在厕所里

当时我们在荷兰的特温特度假，我还记得那一刻：我坐在马桶上，在一个不熟悉的镶着木板的厕所里。我的后面有一个小窗户，淡黄色的夕阳透过窗户照进来，照射在我右边的木质墙上，棕色的板有些粗糙，上面还有细小的木质纤维。阳光洒在我的右前臂上，那些你平常注意不到的小绒毛，在阳光的照射下闪耀着金色。我把我的手臂举起来，然后看着它，我想可能在我80岁的时候，这条胳膊就不存在了。突然我意识到我就是这条胳膊，胳膊就是我——似是而非；不知怎的，我觉得这是我的身体，却又不是。

这个记忆很好地与第四章里提到的"镜子中的脸是我的，又不是我的"相呼应。它与第三章和第九章的内容也不谋而合，只不过阳光在这里起到了非常重要的作用，与记忆息息相关。

另一位荷兰的女士写道：

大约 8 岁　在洗手池旁

我起床到洗手池旁洗漱，阳光透过窗帘照射到卧室里。突然我为自己活着而感到惊讶和喜悦，这件事我从来没有告诉过别人。

我在教堂做礼拜期间也有很多回忆。某次做礼拜时，突

> 然间我非常惊讶：这个世界上竟然有人类这样的东西，人类
> 并非只是像教堂里的长椅那样的物体。这时我看到一束光，
> 灰尘在光束里面跳舞，也许这是我为美化自己这段体验而做
> 的加工。

许多人说，当他们回想童年的快乐时光时，场景里总是充满阳光和温暖。阳光充足的地方都会如此吗？但是炎热的太阳迫使人们去寻找阴凉处的例子也太少了。当然，暴露在外面的烈日下，以及阳光透过窗户或门照射进屋里，这两种感觉肯定是不同的，后者经常发生在很多孩子的童年记忆中。但是那种热带的阳光也可能引起突然的自我反省，在荷兰东印度群岛（今天的印度尼西亚）长大的一个年长的荷兰男人的童年记忆就是这样的，他的回忆在下一章中我们就会讲到。

看完在明亮的白天的体验，现在我们来看看在黑暗中的体验。首先，我想展示一位奥地利中年妇女在信中写的记忆。

在 8 到 10 岁之间　深夜里，我听到了飞机的声音

> 我在半夜醒来。夏天里，窗户敞开着，我妹妹快睡着了，
> 屋里很暗，很暖和，非常安静。突然，我听到了远处飞机的

嗡嗡声，令人震惊的事发生了，我突然意识到我是一个独立的个体，就像天空中的飞行员一样。

我意识到，从根本上说，好像我们都在各自的孤岛上。瞬间，悲伤击倒了我，我祈祷能找到避难所。另外，我有了一种朦胧的优越感，就好像比起那些从未有过这种启示或者满不在乎地肤浅地活着的人，我好像好那么一点儿了。

她在记忆中补充了一些其他的想法，这些想法是我们大都比较感兴趣的，并且也与我收到的许多其他描述有关。

那时候，我没有把这些想法和感觉描述出来，而现在我尝试这么做。到现在为止，我把这次晚上的体验留给自己，因为我知道，如果我告诉别人，他们只会摇头，然后说一些安慰的话。你在《心理学》杂志上给出的例子中，让我特别注意到的事实是，人们认为他们的个体意识是那么积极。但这对我来说是一种负担，因为这就意味着从现在起，我必须对自己的生活负责。

一位来自阿姆斯特丹的24岁学生也经历了类似的事情，只是在她的体验中没有类似头顶飞过的飞机那样的外部诱因。稍后，我还会给出这类外部诱因的一个示例，那是突然停止了的时钟。

让我们先看看这位学生的记忆。

9 或 10 岁　困在我自己的身体里

大约在我 9 岁或 10 岁的时候，一个漆黑的夜晚，我躺在床上无法入睡。可能我像往常一样在思考一天中发生的事情吧，不过我记得不是很清楚了。突然间，我意识到一点——我就是我自己，我是世界上唯一一个是自己的人。我相信这种认识是出其不意的，这让我有点害怕。我感觉困在了自己的身体里，特别孤独。这种感觉持续了很长一段时间，虽然那天晚上我想了很多，也意识到其实每个人都是这样孑然一身的。

她接着说：

随着时间的推移，我习惯了自己，但我仍会在某些时刻突然意识到我自己。这是令人惊讶的，不过现在，我对这种体验不再有任何负面感受了。

在我看来，这段补充的评论非常重要。

一方面，因为这位女士的童年体验和她今天的体验之间的时间间隔相对较短，她仍然可以很好地拿她之前的感受和她现在的感受进行比较。它还呈现了一个美好而简单的描述：最初，人们在突然间获得有启发性的、令人恐惧的顿悟，这使其形成对自我的意识。后来，人们逐渐习惯于这样一种意识。正如她所说，负面情绪会随着年龄的增长而消失。

下面这段回忆中的女孩，既没为她的体验感到高兴，也没为她的体验感到自豪，她所感受到的是害怕。这位荷兰裔美国作家多拉·德·容在 1945 年写了小说《田野即世界》(*And the Field is the World*)。她在这部小说中记录了很多关于她童年的回忆。耄耋之年的她向我保证说，虽然她记不起来下面的场景是什么时候发生的，但是在她的童年里一定发生过。小说中的主人公玛丽亚逃离了战争，失去了她的父母。后来她与荷兰领事及他的家人居住在摩洛哥的丹吉尔，那时她 12 岁。

那天晚上在睡觉之前，玛丽亚听到钟表停了。突然，嘀嗒声又打破了沉默，钟表又开始走了起来，声音很清楚也很大。嘀嗒声很快又停了下来，取而代之的是寂静，无限的寂静。她和穿透她身体的嘀嗒声这个混蛋并肩坐着。房间里死一般的沉寂。"我听到时钟停止了，"她想，"我，玛丽亚·莱夫科维茨，听到时钟停止了。"她坐在这个漆黑寂静的、无尽的世界里，然后发现："我就是我，我，玛丽亚·莱夫科维茨，就是我。"……她对此惊愕不已，并且惊叹于这种奇迹。

在接下来的记忆中，小主人公感受到的更多是恐惧而不是快乐。下一章是完全相反的记忆——那些发生在黑暗中的记忆。不过，有一点关键不同，主人公是在父母的陪伴下，在星光灿烂的夜空下，产生的这种独特体验。独自躺在黑暗的卧室中，人们很容易被萨特所描述的存在焦虑困扰。

在阳光下发生的场景引发了骄傲和喜悦的感觉，而在黑暗中的那些场景却引发了恐惧和害怕，这是巧合吗？我没有研究亮光和黑暗的不同所影响的记忆，我也无法从这么少的记忆片段中就概括出结论。然而，大多数孩子在黑暗中独处时确实感到不安。如果孩子们不仅仅意识到他们会短暂地在黑暗中感到孤独，而且还意识到"自己将永远是一个与他人分离的个体"这个事实，那么不难理解，这些体验确实很吓人。当在阳光明媚、积极的环境中出现相同的意识时，思想的主人因为处在安全和熟悉的环境中，所以与之相伴的会是新的顿悟，会是一种令人自豪的独立感，同时还会感到自己的人生走上了新征程。

当然，黑暗不仅仅是夜晚独有的场景，人们在午餐时间也能体会到黑暗，例如，一个人坐在一辆停在车库里的大众甲壳虫车的下面。一位来自巴伐利亚州的物理治疗师在一家精神病医院工作，他今年 60 岁了，而在他年少时，曾是一个汽车修理厂的学徒。

14 岁　在大众甲壳虫的车间里

1957 年 4 月，我在一家汽车修理厂做学徒，白天我还在商店打工。中午的时候，我有时间吃饭和休息。在大约两英尺①的高度，带有分体式后窗的大众甲壳虫，被放在机器小车上，这样你就可以灵活地在车上或车下工作。为了能够在汽车下方进行装配工作，我们会使用带有头枕和小轮子的木板；你可以躺在板上，在汽车下滚动，这样就可以修理汽车了。我也在午休时这么做，它能够让我舒服地休息。当我有一次躺在板子上，看到悬空挂着的所有的车轮时，突然间觉得它们有一种全新的魅力——对我来说，一切似乎都是崭新而美妙的。此时我对生活充满了喜悦和热爱，我想："天啊，这就是我，我是躺在这辆汽车下方的修理工！我的衣服脏得像一套盔甲。"我为成为自己而感到幸运和自豪，但后来这种感觉就消失了。

---

① 1 英尺 = 0.3048 米。——编者注

6

第六章

光明和黑暗：室外

一位来自德国安斯巴克的中年家庭主妇，曾在文法学校教过德语和英语，她对我说了以下这段记忆：

4或5岁　在有蜗牛的花园里

一个夏天的早晨，我在父母的花园里玩耍。我肯定已经有四五岁了，因为我的三个哥哥姐姐在上学。我面前有一个鞋盒，里面垫了新鲜的莴苣叶，我放了几个小蜗牛在里面。当观察蜗牛，想着它们下一步会做什么时，我清楚地意识到，穷此一生，我都不可能知道做一只蜗牛是什么样子的。同时，我对自己，对我自己的身体，对我的生命，对所有的感官印象，对我身上的浅色衣服，对风，对我手上的沙子，对我背后的阳光有着惊人的感觉。一种令人惊讶的幸福感在我身上流淌：我就是我；我去感觉，我自己做决定，我是内在和外在的，我是一个整体。

她补充说：

随着时间的推移，这一认识变得更加模糊，但从未消失。之后，通常是在意想不到的情况下，我常常会清醒地感觉到我就是我自己。

在上面的记忆中，女孩独自一人，而在下一段回忆中，一个和她年龄差不多的女孩为了进入一个充满阳光的场景，与她的父母保持距离。它是一位年轻的荷兰女士寄给我的。

5 岁　在路上看着父母

我是一个人，他们是两个人。我父母和我去看望即将结婚的姑妈。当我们离开姑妈家时，我父母在前门停下来和我姑妈谈了一会儿。我从他们三个身边溜过去，走到外面，沿着路往前跑。太阳照在我的眼睛里，光线刺眼，所以我抬起胳膊来遮住我的脸。当我沿着这条路跑的时候，我转过身来，看见我的父母还在和我的姑妈说话，我想叫他们来。但是，突然，我清楚地意识到，我的父母是我的父母，我和他们分开了，一切历历可辨。我想到，我是一个人，他们是两个人。二，一，二，一，二，一……这就是当时我脑子里想的。

有那么一会儿，我站在那里，好像瘫痪了一样，看着那两个人（从这一刻起，我的姑妈在这段记忆中就不再扮演重要的角色了）。我觉得自己是孤独的，孤立的，是一个独立的自我。

我还记得路的右边某个地方有一棵很高的树，也被太阳照耀着。今天，我说不上来这棵树有什么意义，但当时，它刘我来说确实有意义。当我父母喊着什么话来追上我时，一切都消失了。在这段时间里我很高兴，我仍然能很好地记住这种幸福感，而且我再也没有如此强烈地体验过这种幸福感。

现在，让我们来看看年龄大一些的孩子的回忆。另一位年轻的荷兰女士记得下面的体验。

7或8岁　穿过田野

我也记得自己有过一个突然的启示，很有趣，我以为只有我一个人有过。我想当时我七八岁，在读小学二年级。那时我们住在赫尔蒙，在一条大街上有一幢半独立的房子。我们的房子旁边有一块田地，一年收割两次，除此之外，那里什么也没有发生。我上学必须经过的那条路正好穿过这片田地。正是在这条道路上，这一切发生了：我被一种感觉征服，这种感觉使我突然意识到自己是活着的，并且是一个与众不同的人。这是一种非常令人敬畏和美妙的感觉，我仍然记得很清楚。当时我还有一种被选中的感觉。

　　由此，我开始了一段全新的生活。流年似水，后来我的
种种发展，如宗教意识，过有意义的一生的野心和追求，都
以那一天为起点。但我从未和任何人谈论过这件事，因为这
件事听起来可能太造作了。

　　在前一章中，我提出了这样一个问题：阳光是否也在地中海
国家和热带等温暖的地方起着"照亮"的作用。下面的两个例子
证明了这并非不可能。一位 50 多岁的来自西米德兰兹的英国临

床心理学家有这么一段记忆：

8岁　在塞浦路斯岛上

　　我父亲参军了。他被派往塞浦路斯，从 1958 年 12 月起，我们便没再在一起。1 月里的一天，晴朗而寒冷，我走到我们租的房子的平顶露台上，我知道我可以从那里看到靠近地平线的大海。后来又过了好几个月，我都没有搞明白那是不是一个梦：当时太阳照耀着大海，场面是如此生动真实，我毫无疑问地知道我就是我，在这里，而不是梦中的一个人物。这段体验的力量很难用语言表达出来；像给你写信的其他人一样，我觉得很难去证实那是真实发生的，但在将近 50 年后的今天，我把这段记忆写了下来。我老了，脊梁骨又开始刺痛了，大家都知道我对其他事情早就忘光了，但这段记忆仍然很生动。于是，我知道它很特别，它让我感觉很特别。

　　这些年来，我以如下方式来理解这些体验，可能正确，也可能错误吧。我把它看作自己体验过的一系列高峰体验中的第一次，在随后的几年里大约还有 25 ～ 30 次吧。在我的感觉中，它们都具有同样的非常生动的现实感，都那么美轮美奂。

从塞浦路斯到热带。一个 70 多岁的荷兰人写信给我：

8岁　独自在回家的路上，在当时还是荷属东印度群岛的爪哇岛上

中午，我在明亮的阳光下跑回家，当时我可能刚从父亲任代理经理的三宝垄的邮局那儿出来吧。他给了我一个非常闪亮的 5 美分硬币，它是浅青铜材质的，中间有一个孔（许多亚洲硬币都是这样的，所以可以把它们串在一根绳子上）。它是全新的，被装在一块儿白色的纸板上，外面裹着亮晶晶

的玻璃纸。耀眼的阳光反射在那枚写着"1937"的 5 美分硬币上。突然间，这对我来说有了一个特别的意义，正因为如此，我从未忘记那一刻。我意识到我就是我，不是其他任何人，我现在正活着呢，就在 1937 年的此时此地。我惊奇着，讶异着，继续精力充沛地跑回家。

从爪哇岛回到欧洲，更确切地说，回到波罗的海沿岸后，我收到了来自德国威斯巴登一位 61 岁的音乐老师所写的以下关于记忆的文字。

9 岁　独自在海滩上

我父母把我和弟弟从汉堡送到波罗的海尼恩多夫的一个儿童疗养院。我非常喜欢那里，所以尽管我哥哥有严重的思乡病，但我还是被允许在那儿多逗留一段时间。后来，我得了流行性腮腺炎，不得不接受隔离，但我常通过窗户和朋友们沟通，还收到了很多书。在我康复期间，我还是很虚弱，我第一次尝试外出——穿着浴衣去海滩。在那里，我对自己"独特"的一面有一种完全清晰的感觉：小巧的（通常情况下我很强壮的）、脆弱的、孤独的和特殊的；还有重生的、重要的。

一位来自海牙的 75 岁荷兰女士是第一批给我描述记忆片段的人之一。我在一份日报的文章中写到了这个话题，并在文章中提到了荣格的记忆。她在信的开头写道：

> 你今天的文章给我留下的印象是那么深刻，以至于在我还没读到最后一段（其中包括我要请读者把他们的记忆寄给我）之前，我就想，我想告诉科恩斯塔姆先生，我有过和他所写的完全一样的体验。但如果你没有明确提出的话，我就不会这么做了。

9 岁　独自在草地上

我放学了，天气很好，所以我决定在路边的草地上采些花。天空很蓝，我注意到草地是绿油油的，开着许多花。我独自一人，周围一个人也看不见。

我在草地上伸了个懒腰，抬起头，深深地吸了一口气，突然间，我知道我是"某个人"：不仅是我班上众多孩子中的一个，不仅是我家 7 个孩子中的一个，而且是一个个体。

我仍然知道那时我感到非常高兴和自豪，好像我发现了一些非常特别的东西。我没告诉任何人，它变成了一种我无法用语言表达的"秘密"。我不记得有什么特别的事件能引起这个发现。然而，我记得，之后我仍然会回想起那一刻，每次我都能感受到这种特殊的感觉。现在，我已经75岁了，今天我从思想上认识每个人都是独一无二的。但当时，这个发现与我的智力没有任何关系。那是一种难忘的感觉。

大多数给我写信和电子邮件的人年纪都比较大。这段荷兰人的户外体验给我们描绘了一幅几十年前的美好画面。一位60多岁住在比利时的画家写道：

12岁　在桑斯安斯的黑色风车旁

小时候，我上过一所很小的乡村学校。像我一样，我的许多同学都是工人家庭的孩子。在我12岁的时候，我对大自然，特别是鸟类，产生了浓厚的兴趣。我常常独自在草地上和田野里漫步。一天下午，我骑自行车去了荷兰的一个地方，今天这个地方叫桑斯安斯。1952年，那里就只有黑色的风车，没有任何武器。我走了一条沿着桑河的狭窄蜿蜒的小路，在我的右边有一片宽阔的圩田（一片低洼的土地，周围是运河和堤防）。我把自行车放在草地上，在周围漫步。在黑色的风车旁，我突然被一种感觉征服：我意识到自己在那里，那里在当时看来像一片无边无际的广阔天地，同时，我觉得天空好像在膨胀，在向四面八方蔓延。我对自己说，我是格布兰德·沃尔格。对于我来说，这是一个伟大的时刻。

我看见自己站在那里……下一章描述的是关于一个孩子从一定距离外或从上方看到自己的现象。

在另一段发生在户外的记忆中，孩子不仅是站在户外，而且是站在一座沙丘上。一位45岁的荷兰男士写信给我：

14 岁　日落时在一堆沙子上

一个温暖的秋天的傍晚，我站在我们房子后面的小花园里，看着西边的天空变成了橙色和紫色。晾衣绳或鸽子房阻挡了我的视线，但我想看日落的全景，所以我跑到公路上，穿过运河，跑到一堆沙子上。这片沙地上长着青草，是为修建新高速公路而铺的。我爬上山顶，几乎是迷惑不解地看着日落的色彩。突然间，这些想法穿透了我的大脑：我站在这里，就我自己！世界、村庄、我们的房屋、花园、我的父母和我的家人，都在我之下，他们就像木偶一样。在这里，我独自一人站在太阳边上，太阳很快就会落下，就像我会径直下山，回到木偶世界一样。

他最后说："让我着迷的是这一刻的绝对随机性。在我的记忆中，它没有外部的诱发因素。"

太阳下山，天地慢慢变暗。

一位出生在瑞士的 40 岁小学老师，现在和家人住在汉诺威附近，写道：

"最近我读了您发表在《今日心理学》上的文章，那些'我就是我'的体验的描述使我深受感动。从我对自己成长的回忆，从对我的孩子和我的学生的观察中，我形成了这么一个观点：这绝对是一种'自发'的发展。我小时候发生过一件没有任何外部诱因触发的事情，尽管我不太了解它有什么意义，但后来我多次突然之间又想起它，下面描述的就是这件事。"

9 岁　黄昏时分

那是秋日的黄昏，我穿过我们刚搬到的城市跑回家。太阳很快就下山了，天空乌云密布，光线很奇怪。突然，我很清楚自己被观察到了，我感到难以置信的安全感和被保护感。我不清楚是谁或者什么在注意我。这不是一种宗教体验，而是一种强烈的自我意识和一种强烈的安全感，因为我是一个极度焦虑的孩子，所以我在之前的生活中没有这种感觉。

她补充道：

从那时起，我仍然可以通过回忆这个特别的时刻来唤起这种安全感。

夜幕降临。一个有着明亮星星的黑暗天空，常常会让孩子们进入深刻的自我反省状态。两个年龄差不多大的德国女孩有过这样的体验。首先，我们来看看一位来自温海姆的老师的记忆，她比前一个例子的作者大 20 岁：

9 到 10 岁　在星空下回家的路上

我的父母和一些朋友把我们 3 个孩子带到郊区，我们在星空下漫步。在路上，我父亲继续谈论一些我不理解的哲学问题。突然，每个人都抬头望着满天繁星，我也是。我感觉到一些特别的东西，一些神圣的东西：我在这些闪烁的星星下。这对我来说是一种巨大的快乐，我左右交替单腿跳着，充满了幸福感，时至今日，我的感受仍然那么强烈。

……现在，作为一个成年人，我得到了这样一份礼物：令人欢喜的、活出由我主宰的人生的睿智。这是那次体验赐予我的。

以下记忆来自德国法兰克福附近哈瑙市一名 40 岁的助理医疗技师。她写道：

"你在《今日心理学》上的文章给我留下了深刻的印象，我突然意识到，我小时候也有过这样的体验。"

9 岁　晚上在阳台上看天空

那是我 10 岁生日的前夜。那天傍晚，我站在阳台上，父亲和弟弟在屋里。那是一个晴朗的夜晚，大概 9 点钟。我抬头望着星星，突然间，我感觉到：

我就是我。在这星空下，我是世界上独一无二的人，我不像我哥哥或其他人。我觉得自己意识到了自己是独立的人。

她对自己的记忆做了如下评论：

> 遗憾的是，我描述得不太准确，因为我很难用准确的语言表达这种感觉。我30年来都没有想到这一体验，直到你的文章重新唤起了我这段被遗忘的记忆，这真是足够奇怪的了。

如果我们考虑最后两个案例，当第一个女孩意识到自己的个性和作为一个人的价值时，她身边有许多人——她的兄弟姐妹，还有成年人。然而，对于第二个女孩来说，当她没和父亲、哥哥在一起，而是独自一人站在黑暗的阳台上时，这种意识就出现了。生日对于所有孩子来说，都是一个重要的成长里程碑，正好，第二天是她10岁的生日。由人类设定的特殊时刻或标志所促发的这种突然间的"我就是我"的体验（如"10岁"或其他具有里程碑意义的生日）是第九章的主题。

7

第七章

共情：知觉相对性的顿悟

　　发展心理学领域已有大量关于"角色""观点采择能力"的研究。观点采择能力是指儿童能够从他人的角度看问题，或者理解他人看到的自己所不熟悉的事物的能力。很多心理学文章都描述了这种认知能力是如何随着年龄逐步发展起来的，现在普遍认为，体验不同利益的冲突和情境，可能在这种认知能力的发展过程中起到重要的作用。孩子们生来就以自我为中心，通过与其他儿童和成人的种种矛盾冲突，他们学会控制自己天生的利己主义。如果一个孩子无法想象与他玩耍的同伴或照顾他的父母的想法或感受，那么这个孩子就无法发展出无私的行为。在孩子们掌握观点采择这门艺术的过程中，语言的发展，即通过文字和手势与他人交流的能力的发展，起到了非常重要的作用。如果失明和失聪的海伦·凯勒不能接触到语言，那她将一直是那个生来就自私且野蛮的孩子。只有通过不停的训练，她才获得了一定程度的自我控制能力。此外，通过语言的习得和老师耐心的帮助，尽管她看不到别人的脸，也听不到别人的声音，但她仍然培养出了想象别人的想法和感受的能力。

　　直到今天，我们仍不确定动物物种是否能够想象其他动物与人类的感受和想法。许多宠物的主人认为，动物是可以理解人类的情感的，我们也可以在很多电影中看到富有同情心的、无私奉献的狗或海豚的形象，这些现象都在支持这个观点。在儿童书籍和电影中，许多动物和儿童一样善于想象他人的观点，但也像儿童一样，它们有时会成功地做到这一点，有时则不会。人们认为，心理变态的罪犯之所以会非常"冷血"地犯罪，是因为他们没能完全学会想象他人的想法和感受，而是一直保留着自私的天性。人们生下来就是自私的，然而在进化的过程中，我们已经能够克服单纯的自利行为。最初的形式是男女协作，它源自物种生存和延续的需求，后来由于这种合作能更好地完成种植、捕鱼、纺织和盖房子等生存任务，因此，克服单纯的自利行为的能力便进一步发展了。

我们如果不能想象敌人在想什么，就无法赢得战争；我们如果不能想象与他人的感受和思想共情，就无法创作和表演戏剧。这种能力是每个孩子在社会化的过程中，在父母和他人的帮助下，逐渐形成的。遗传条件的个体差异也是影响因素，有些人会比其他人更倾向于社会化。

我收到的那些关于顿悟的叙述中，有几篇是关于作者突然意识到自己沉迷于自己的主观性的。下面的例子是一位荷兰女士写的，她是莱顿大学的人事顾问，她写道："那时我应该还很小，因为在我 5 岁之前，每次暑假，我总是和祖父母在一起度过四个星期的时间。"

4或5岁　祖父在下楼

　　我当时被祖父的着装深深吸引——无论冬夏，他总是穿同一套西服，而且，即使在夏天也穿着一件羊毛夹克。一天早晨，我看见他正在下楼，那天他刚刮了胡子，有一些秃顶，还没有系上领带。忽然，我脑海中出现了一个想法：我永远不可能成为爷爷。那是一种被限制、被困住的感觉：我拥有的是另外一个不一样的身体，我永远不可能跑进他的身体里，去体会他的感受。

　　……我总是倾向于站在他人的立场上思考问题，同情他人，找出他们做事情的动机，我相信这种同情心也深深地影响了我的职业选择。

　　对于一些孩子来说，他们发现自己，只能认识自己而无法理解他人，进而得出"别人也存在这个问题"的结论。这个时候是孩子有意识地通过他人的眼睛看世界的开始。在突然意识到这一事实的那一刻，孩子已经体验了数年的成熟，已经能够逐渐想象别人的感受和想法。不过，这种不断增长的社会想象能力是一个无意识的积累过程，还没有达到个体有意识主动思考的水平。

　　孩子们课余一起玩耍的体验，似乎有利于他们取得这样的突破。我收集到的案例中，有相当一部分记忆是与操场或类似环境有关的，我将在下面列举其中的三个案例。

第一个案例来自一位 87 岁的荷兰聚特芬（Zutphen）的女士。她以本书读者现在已经很熟悉的描述方式，开始了她的回忆——从一次"我就是我"的体验到对主观感知的相对性的顿悟。

7 岁的时候　在校园里——一件红色毛衣

有一天我背对操场站着，看着道路，忽然我有个想法：我就是我！这简直太有趣了！

还有一次，我和我的一个朋友一起站在同样的位置，不过是面对着操场，操场上的孩子正在玩捉人的游戏。不知道什么原因，我们的注意力都集中在一个孩子穿的红色毛衣上，我说："红色对于你我来说，可能是完全不同的东西。"

"这是什么意思？"我的朋友问，"红色不就是红色吗？"

我回答道："我们都在说红色，但是我无法通过你的眼睛去看它，你也无法通过我的眼睛去看它。"

我的朋友认为我疯了，然后跑开了。

第二个案例来自一名年轻的 23 岁的荷兰女士，事情发生在她上小学二年级的时候，那时她大约七八岁。

7 到 8 岁　在操场上，我不能和任何人换位置

我走到操场上，还没开始上课，其他孩子正在玩，我离他们还挺远的。我看着他们，他们可能在玩捉人的游戏吧。突然在那一刻，我想：我就是我，我就是我自己；我不能和他们交换位置或者变成他们，我不能和任何人去交换位置，我将永远是汉妮可。我看着那些正在玩耍的孩子，心想：他们也不能和其他人交换位置，他们就是他们自己。我也在想其他孩子并不知道我在想这个，无论是在字面意义上，还是在象征意义上，我都在远处观察着这一切。这唤醒了我一种相当奇怪的感觉，那一刻我什么都不记得，只记得当时的想法。在这前后的一段时间里，我好像并不"在场"，恍惚间无法关注很多事情。直到一年后，在上小学三年级时，我才真正感受到"我在这世上存在着"。

在这两种案例中，孩子们首先出现"我就是我"的想法，然后他们意识到，只能通过自己的眼睛看待事物；进而意识到，自己和别人之间存在不可逾越的鸿沟。然而，很快他们就会又意识到，一个人可以设身处地去想象别人的想法和感受；独立的个体也可以通过友谊来和他人产生连接。

我从一位荷兰语言学家兼记者那里听到了如下一段记忆：

9岁　在学校玩跳房子的游戏

那应该是在我上小学四年级的时候，那时我9岁，我突然意识到，我和我每天如影随形最好的朋友是不一样的。那时我们刚刚休息好，和另一个女孩玩跳房子的游戏，我们三人在那里。教室后面有一条环绕学校的路，很安静。我们把格子画在那儿，谁也看不见我们，那是个很私密的空间。我的朋友打算一会儿去那个女孩子家里吃饭。当我站在那里看着我的朋友蹦蹦跳跳的时候，我突然对这个游戏失去了兴趣。直到现在，我仍然清楚地记得当时我所站的位置，但我感觉自己好像进入另一个世界，在那一刻，我突然有了一个想法：那个蹦蹦跳跳的女孩是我的朋友，我也是她的朋友，我问自己，另一个女孩现在是不是她的朋友，又是不是我的朋友呢？与此同时，我清楚地意识到我们都是不同的，我们都是独立的个体。（我当然还不知道"独立"这个词，但它准确地描述了我当时的感受）我还记得我问自己"友谊"这个词（或这个概念）是什么意思，我想知道我为什么喜欢她，她为什么喜欢我。当我回到课堂上之后，我的注意力就被课程内容吸引过去了。但到了中午，我独自跑回家时，这些问题又一次浮现在我的脑海里。我急切地继续尝试着把它们弄明白——人们如何确定自己和某人是朋友。

　　在这里，女孩的思绪远离了团队的游戏，她体验到的是"进入另一个世界"。她第一次意识到她在结交朋友这一社会结构中的地位，而她的朋友并无察觉，还在自顾自地跳来跳去。这是心理学中"换位思考"的一个很好的例子。

　　我们都知道，朋友之间经常会发生冲突。在接下来的例子中，这个女孩比上面案例中的女孩大几岁，而反思的触发点是与朋友的争论。主人公用非常简单的文字，描述了思考自己观点中的主观性会引起一个人意识到自己是独立个体的这种现象，并为此感到自豪。这个案例也是一位荷兰女士发给我的：

大约11岁 在一场争论之后

我在上小学的时候，有一个如影随形的好朋友。有一天我们发生了争执，当时我大概11岁吧。过了一会儿，我们都消气了，就又在一起玩。我还记得当时我们在外面玩的画面，我回想着我们的争吵，突然意识到，她对我们争论的看法与我的看法是完全不同的。这里每字每句都是我的想法：我用自己的眼睛看东西，所以我看到的和她看到的完全不同。这是我第一次清楚地认识到，当我看着自己的时候，我看不到自己的脸。我从自己的角度看世界，这也意味着其他人，比如我的朋友，看到的是一个与我所看到的完全不同的世界。所以，即使我们一起做事情，她看到的和我看到的也是完全不同的。

她在随后的信中写道：

这种认识对我产生了很大的影响，在那一刻，仿佛时间和一切运动都停止了。在以后的几周甚至几年里，当我骑自行车的时候，我经常会看着别人，并想着他们看到的和我看到的是完全不同的。我想他们看到的是一个骑自行车的女孩——一个他们不认识的女孩，她会在几秒钟内从他们的视野中消失。我想，他们看到了我，我是他们世界的一部分，但他们却并不认识我。从这一刻起，我觉得自己是独立的个体，也在这一刻，我可以通过别人的眼睛看到自己。

这次体验对我的影响非常大，我试着向别人解释。不幸的是，并不是很成功，没有人能像我一样对这个发现充满热情，不知道你能理解我的意思吗？

我收集的回忆中，反复出现这样的体验："其他人不明白为什么这段体验对我如此重要，他们不明白为什么它如此特别。"因为它是不言自明的事实，而这个事实不会引起任何情绪或引起任何同理心——就像博物馆的守卫无法理解为什么会有人因一幅画而泪流满面，或者像一个渔夫不明白为什么人们专程去海滩上看日落。我们把自己想象成别人的能力是有限的。最重要的是，我们对日常的体验司空见惯，更难理解别人可能会在同样的事物上看到一些特别的东西，并有强烈的情感反应。例如，有幸居住在美丽的历史名城的人，会把这些古老的、色彩斑斓的房屋外墙视为日常生活的一部分。但当他们看到游客走过去拍照，拍照的背景甚至就是他们自己的家时，他们只要是有思想并且对事物比较敏感的人，就可能在长期以来对他们来说完全是稀松平常的事物中，看到一些特别的东西。

下面有更多的体验，讲述人们的顿悟：自己对现实的体验是具有相对性的，显然，其他人对现实的体验完全不同，即使他们住在同一所房子里，看到的东西也不一样。

一位年轻的荷兰女士，在她六七岁的时候有一段体验：

六七岁　在性教育讨论之后

我和爸爸、妈妈还有我的小妹妹一起坐在车里。我们刚刚去了祖母家，在那里，我们聊起家里又有一个堂弟出生的事情。我想知道这些孩子都是从哪里来的，所以在车里我问起这件事，妈妈说她会在我们回家后解释给我。显然，她认为我妹妹太小了，不适合了解这些事情。回到家后，妈妈解释了事情是怎么发生的，这突然对我产生了强烈的影响：我父母会跟彼此做这样的事，真是个有趣的事情！所以我的父母体验了一些我一无所知的事——直到今天我才理解那些事情。

每个人体验的事情不同，生活的方式也不同。那么，我想动物应该也过着与人类不同的生活，而且每一只动物也有自己独特的生活。

回忆的主人是一名助理医务人员，她补充道：

> 随着越来越多的思考，我通常会有很多新的想法，但我常常认为这些事情太复杂了，我无法找到答案，便决定暂时不去想它们。我现在即使已经是一个成年人了，也依然如此。

每个孩子在成长过程中，都有一段时间对自己不理解的事物充满好奇，并倾向于内省式的思考。随着他们慢慢长大，就积累了一些始终没有答案的问题。生活需要越来越多的精力去经营，人们最终推迟了对那些问题的思考，或者完全放弃了它们。

关于自己体验的主观性的想法会给孩子们留下深刻的印象，深刻到他们会问自己，这些体验是真实的还是梦。整个哲学思想体系都是建立在这种不确定性的基础上的，特别是年轻人，甚至偶尔会玩弄这种概念。但连 5 岁的孩子都会出现这样的想法，这是非常令人瞩目的。

一位 45 岁的荷兰女士在读了我关于这个主题的文章后，想到了下面的经历。在那之前，她从未和任何人谈起过这件事。

5 岁　我的妈妈是真实存在的吗？

我家住在一栋高层建筑的四楼，一楼有几家商店。一天，我和我的朋友正在外面玩耍，我妈妈在家里。我知道她会一直在楼上看着我，这令我感到很安全。我在宽阔的人行道上玩耍，那天很冷，因为我记得我穿了一件夹克，风挺大的，我的头发在空中飘动。虽然我不记得同伴的名字了，但我仍然记得他们的样貌。我在高楼一角的收音机商店旁的人行道中间玩耍，没有在宽大的屋檐下，因为这样我才更能看清楚马路的状况。

房前风呼呼地吹着，我突然想到也许只有我一个人看到了这一切，也许我身后什么都没有，而只有眼前看到的这些事物，如果我转身，世界也会随之调转。这个想法吓坏了我，因为我想我的母亲可能也不是真实的，我的朋友、房子、树木、道路和天空可能也不是真实的，只有我（那么，我到底是谁？）能看到这一切，其他人根本不存在：我虚构了这一切，实际上，我身后只有黑暗和空虚。

我在人行道中间停了下来，环顾四周，我看了看我的手臂，动了动它，我用手摸了摸夹克的袖子，然后回头看了看，确定它们是否在那里。我也摸了摸我的朋友们，拉了一下他们的夹克。我飞快地向上看去——因为我想，如果我的母亲是我虚构的，那么当非常快地抬起头时，我应该只能看到空荡荡的黑暗。后来，我回到家里，看到我的母亲时，我快速地碰了她一下，以确认她是真的。幸运的是，一切都是真实的，但我得先触摸每一样东西，来一点一点地让自己相信这一切。到了晚上，灯开着，我看到也听到了爸爸妈妈坐在餐桌旁聊天——我仍然密切关注着每件事，因为下午我仿佛置身于一个不同的世界，我是那里唯一的人，那里的现实可能是我虚构出来的。

在下面的例子中，我们再次听到一位男士的讲述——一位荷兰的七旬老人。他描述的场景非常感人，尤其当你看完本章末尾引用的安妮·弗兰克的日记之后，你会更加感受到这个场景对你的触动。几年后，安妮也站在了离他描述的站台不远的阿姆斯特丹的另一个站台上。

12 岁　在阿姆斯特丹中央车站

当时我应该 12 岁了，我和姐姐待在一起，她在阿姆斯特丹为一个名为"好家庭"的机构工作，做完后我们一起乘火车回去。当时在阿姆斯特丹车站，第一批犹太人正在被驱逐出境，我们被禁止进入站台的任何一段，气氛非常奇怪。一位老太太走近一个士兵，我想她可能是想去厕所，结果那个士兵却用来复枪狠狠地打了她一下，她跌倒了。那个士兵和我都看着这个老妇人，然后，一个想法像闪电一样击中了我：士兵和我看到的是同样的情形，但我们看到的却是完全不同的——我看到一个像我祖母一样的女人，他看到的是一个物件。这怎么可能呢？

在我的余生里，我一直在问自己，你是否真的能确定一些事情。这个世界上存在确定的、真实的知觉吗？这让我对那些声称知道如何确切地了解真相的意识形态产生了不信任。

这个男孩想象了一下士兵的想法和感受，这跟他自己的知觉和感受太不一样了，他觉得这很吓人。对这种差异的体会是他后来关于知觉相对性的思考的来源。

小时候，孩子最重要的想法就是快快长大，成为成年人中的一分子。所以，当一个孩子能够把自己想象成别人时，他也会突然意识到自己的个性，并有意地决定自己从此要做出一些行为的改变。

下面是一位40岁的荷兰女士寄给我的回忆记录，可以追溯到她11岁的时候。

11岁 现在，我的童年过去了

在上五年级的时候，我和一群女孩手挽着手，走在学校前面宽阔的人行道上。我们在去某个地方的路上，可能是体育馆吧。这是一群像胶水一样黏在一起的女孩，我们互相谈论着一切可能的事情，我还记得诸如"女同性恋者"（这在20世纪60年代，对严格的基督教学校的学生来说相当了不起）、"女孩的动作应该大还是小，臀部应该摆动还是挺直"或者"为了好玩是否能偷摘路边树上的苹果"等话题。

当我们黏在一起，边走边聊天的时候，我突然之间有了一种顿悟：我明白了我的娃娃就只是娃娃，我的游戏就只是游戏。我有一种奇怪的感觉：我失去了自己的一部分，同时也变得更像我自己。突然间，我知道从这一刻开始，我将像家族里比我大的孩子一样，属于"大孩子"了。我还记得自己当时在想：现在我的童年已经过去了，那么我能假装我在玩耍吗？有些东西已经丢失了。我突然看着我自己，想知道自己接下来会如何玩耍。我知道我再也不会像以前那样了，魔力消失了。

不幸的是，我不记得当这一切发生的时候其他人在聊些什么。

其他的一些顿悟也与其主人在社会中所扮演的角色有关。接下来的两个例子，都是她们 13 岁时的经历。第一封信是一位荷兰女士寄给我的，第二封信来自一位比利时的女士。

13 岁　我不想再扮小丑了

我和学校里的一些的朋友去海牙的游泳池游泳。当时是冬天，正刮着冷风，我戴着帽子和手套。当我刚爬上我的自行车时，突然自己的脑海中出现了一个想法：我总是在做傻事，我总是在扮演小丑，我这样做是因为我认为其他人认为这很有趣。我脑海中突然冒出一个清晰的想法：我不知道谁是我真正的朋友。他们认为我很有趣，因为我扮演小丑的角色，但他们不了解真正的"我"。当时，我决定不再扮小丑，我也再没有这样做过。

13 岁　她还那么小

我坐在奶奶家的一把扶手椅上，我一个 9 岁的堂妹坐在另一把扶手椅上。我们就这样整天无所事事，因为我不知道该拿她怎么办，她还那么小……忽然之间我在想，她是什么感受。我突然意识到，我对待她的方式和我的堂姐对待我的方式一模一样，这挺愚蠢的。在那一刻，我开始像对待一个大女孩一样对待她，和她谈笑，尽管这种转变起初并不容易，但从那时起一切都变了。

我们可以从上面的案例中看到，这种能够站在他人的角度去思考问题的顿悟，几乎可以立即引发有意识的利他行为。比利时女孩通过类比得出了这个观点：我对待她的方式就是别人对待我的方式。她把自己想象成她的表妹，从而意识到这种相似之处，并改变了自己的行为，尽管她的小表妹并没有意识到这种积极的转变。这个简单的描述不正是所有夫妻和家庭咨询所追求的吗？

让我们回顾这一章最初的那段回忆，在"我就是我"的顿悟之后，她会意识到自己不能做到设身处地。这本书的前面也有一些例子，那么"我就是我"的体验是否可能是社会思维发展的一个步骤呢（而不是开始得更早的社会行为）？专注于自己特殊品质的人，也会意识到其他人的特殊性；能够脱离自我、善于反思，与自己保持一段距离去看待自己行为的人，也能够看出别人是特殊的、独立的个体。这种与自我的距离，已经代表了视角的改变——孩子观察他自己的想法，并意识到他们自己和周围孩子的独特个性。这个意识总会或间断或连续地泛化到"所有其他的事物"上。随后，孩子会意识到，有一种方法可以与他人产生连接——设身处地。之后，孩子开始看到自己在不同社会环境中所扮演角色的不同特征之间的差异。孩子们学会思考他们自己，以及他们在不同环境下应采取什么样的行动，比如当他们累了，当他们需要履行义务，或者当他们和别人竞争的时候。1944 年 7 月 15 日，安妮·弗兰克在她的日记中写道：

15 岁　安妮·弗兰克

　　我有一个突出的性格特点，任何认识我一段时间后的人都知道：我很有自知之明。在我做的每件事中，我都能像一个陌生人一样去看待自己，我可以站在日常生活的安妮的对面，不带偏见也不找借口地看看她在做什么，无论是好的还是坏的。这种自我意识从未离开过我，每次开口说话时，我都在想，"你应该用不同的方式说出来"，或者"那样说也没什么"。

　　4 个月前的 1944 年 3 月 7 日，她回忆起她还在上学时的情形，那时她的家人还没有躲藏起来。

　　他们在学校是怎么看我的？我作为班级的笑星、永远的领跑者，从不会心情不好，从不会哭闹，难道每个人都想和我一起骑车上学，或者帮我一点儿忙吗？

我像看一个与我毫无关系的人一样看待安妮·弗兰克：她是个可爱、有趣却有些肤浅的女孩。

两周后的 8 月 1 日，在她日记里的最后一篇，她给她想象中的朋友凯蒂写了一封信：

我告诉过你很多次，我分裂成了两面。一面包含着我旺盛的精力，我的轻率，我生活中的快乐，最重要的是，我欣赏事物光明一面的能力。我的意思是，不要觉得调情、亲吻、拥抱、无礼的玩笑有什么不对。我的这一面通常会埋伏着，等着伏击更纯洁、更深沉、更细腻的另一面的我。没有人知道安妮更好的一面，这就是为什么大多数人不能忍受我。噢，我可以一下午做一个有趣的小丑，但在那之后，接下来的一个月里人们都不想再见到我了。

你无法想象我有多少次试图推开这个安妮，这只是所谓的"安妮"的一半——把她打倒，把她藏起来。但是不管用，当然我知道为什么。

这是一个高级阶段，如果一个人一遍又一遍地练习采择其他观点，或者他至少是一个善于思考和内省的人，那么这个阶段他是可以达到的。这样的人不仅擅长想象他人的想法和感受，而且擅长从不同的视角分析自己。

我们可以假设：到达这种意识层面的最高阶段是一段很长的旅程，诸如"我""我就是我"和"我不是其他人"等想法的出现，就标志着这段旅程的正式开始；然而，只有一小部分人有这样的启示，他们体验到了这种强烈的意识的飞跃，刻骨铭心。但对于其他人来说，这一发现是潜移默化的，所以回想起来，它被认为是不言自明的，人们看不出它有什么特别之处。

出于这个原因，我有些担心，我将这个过程写出来会使"我就是我"的体验正常化，从而破坏了由孩子心智跳跃式发展的奇迹所带来的独特魅力。

8

第八章

空间：突然，我看见了我自己

有些人记得他们童年时代的某个时刻，他们感觉自己的精神正在从他们的身体中走出来。在这些事例中，感知到的自我与观察到的自我之间的空间距离可能发生变化。一些报告中确实没有谈到这种距离，但另外一些描述谈到了人们处于特定的位置来观察自己的情况，比如从客厅的天花板上。一位来自荷兰的 73 岁老人写道：

7 岁　在鹿特丹河畔

我 7 岁时住在鹿特丹，家离港口很近。那是一个明亮、晴朗的日子，河边的环境非常好。那儿有个地方，像我这样的小孩子喜欢在那儿玩耍，我们会模仿大一点的男孩，从脏水里钓出各种各样的东西，比如香蕉、花生，偶尔会有椰子。某天，我独自一人在水边玩。其他邻居家的男孩儿都不在，我对独自下水没什么信心。所以，我这次没有在水边寻宝，而是突发奇想向更远处看了一下，便第一次看到了盛大的港口。这是一种宏伟广博的感觉。与此同时，我觉得自己的思绪好像从身体游离出来。我从一定远的距离，从几米高的高度，看到自己是如何站在那里的，并听到一个声音说：你会一直看的。这是一个绝妙安静的时刻，一点儿也不可怕。我从未明白这个声音和思绪从身体游离出来的意义。

一位来自德国的 46 岁女商人，在她小时候有一段非常令人恐惧的体验：

6 到 8 岁　发烧卧病在床

还是小孩的时候，我经常因感染或小儿疾病不得不卧床休息。只有在保持不发烧至少一天的时候，我才被允许离开病榻。所以，我记得以下的体验：

在读了一会儿书后，我在自己那边躺下，盯着那熟悉的旧壁挂。突然间，我的思绪从身体游离出来了，从旁观者的角度感知到了自己。所以这就是我，这种形式，这般模样。得此体验，非我所愿。我无法改变任何事，也无法改变我那个被呼来喝去的名字，我总被要求或禁止做某事。住在我周围的人把我叫作吉塔，他们对我的看法，是否真的跟我对自己的看法一样？他们知道我是谁吗？我在这做什么？如果我只是不再想做那些事，会发生什么？

这些问题让我十分害怕，以至我身上忽冷忽热。

在这里，虽然她没提到感知的距离，也没提到从更高的空间位置感知自己，但她也体验到了思绪从身体游离出来的感觉。当然，我们不知道这个案例中，发烧是否会导致这种游离和随后产生冷热感。我们只知道她记得她的童年大体上还是开心的，她的父母确实很严格，但也很和善，至少她在信中是这么写的。

以下体验来自另一位荷兰人，一位在 19 世纪和 20 世纪对自传式童年记忆进行过研究的历史老师。作为一名学者，他非常清楚早期记忆可能会被扭曲。

8到11岁　在有吊灯的起居室座位上

　　我独自一人在客厅里，正在考虑我是怎么成为自己的。我非常努力地通过别人的视角看自己——在那一刻，我想这是通过我们的女仆蒂尼的眼睛。因为我不太喜欢她，所以这个练习特别重要，因为我以这种方式把自己想象成一个我不太喜欢的人。在我的记忆中，我觉得通过母亲的眼睛或朋友的眼睛看到自己并没有那么难，仿佛这是件很平常的事。

　　我坐在父亲那用黄色灯芯绒装饰的小椅子上。地幔一角有一个旧电子钟，它发出响亮的嗡嗡声，所以我当时非常清醒。突然，从大约悬挂在高大房间中央的吊灯的高度，我看到自己坐在小椅子上。我感到很害怕，但也觉得这很有趣。我看自己的视角突然不再是别人的视角，因为吊灯悬挂的高度远高于一个人的身高。这是一种令人毛骨悚然的体验，但我也完全感觉到自己与众不同。我试图再现它，但我没能成功，或者更确切地说，它不再对我有那种影响了；我再也没有体会到那种感觉了，那种好像真的由外而内观察自己的感觉。第一次时，我真觉得是那样，而现在这些只是想象出来的。

　　在我收集到的那些记忆中，这是唯一一个出于好奇，试图再现一种无意识的、自发的自我观察场景的孩子。尽管这个孩子在这方面做得并不成功，但他当时是很想这样去做的，这一点非常重要。由此看来，这些童年时代思绪从身体游离出来的体验更多的是无意识的，而不是刻意控制的——这反而使它们变得不容易被理解。

上述记忆的另一个非常重要的元素是，这个男孩已经试图通过别人的眼睛看自己了。这与上一章的中心主题非常吻合。把自己想象成一个观察者，以便通过他人的眼睛来观察自己，这种心理活动男孩已经很熟悉了，至少，他能观察到别人可以感知到的他的外部表现和行为。然而，令他惊讶的是，那回的观察明明出自吊灯高度的视角，与旁人完全无关。肯定有读者认为，这种观察并不来自这个男孩本人，而是一个自主的幻影，一个守护天使，一位仙女或一个神灵。但是，人们在梦境中完全自主地充当任何现实中可能存在（和现实中不可能存在）的角色，在某种意义上，这也不是"自我导向"的。如果我们将这种现象跟也在梦中发生的相比，是不是更容易理解一些呢？那么，这样就可能是一个白日梦的案例了。唯一能促使我们对此再作商榷的理由是，这孩子通常独自一人，富于内省，但经常去参加一些活动。

一位75岁的荷兰男士给我发来一段非常简单的描述，没有任何额外的评论。他出生在印度尼西亚，但已搬家到荷兰。

11 岁左右　在街上，靠在墙上

　　我可能正在街上玩耍，靠在墙上的时候，我突然注意到或者说感觉到我的精神从我的身体里走出来，我从远处看到自己正靠墙站着。它只持续了一会儿。当时我大脑一片空白，但我记得在那以前，我从未体验过这种事。

　　与这种形神分离的自我观察很相似，以下文字来自一位21岁的荷兰女士，她给我写下了这些回忆：

10 到 12 岁　在黑暗的花园里，在雨中脱衣

　　那是一个秋天的傍晚，天色阴暗，有雨，有风暴。直到今天我还没有搞懂当时是出于什么原因，我跑进了花园。在花园的后面，我脱掉了衣服，就这样立在风雨中。从那一刻起，我唯一记得的就是我如何从外面观察自己。通过这种方式，我可以回想起那段记忆，并且仍然记得所有的细节。我不知道我是如何从那个状态中走出来的。当天晚上，我把这事告诉了姐姐，她认为我疯了。

　　看到这样的描述，读者当然会想到青春期开始时的性启蒙，

但这仍然不能解释思绪从身体游离出来的原因。

在下面的描述中，这种元素扮演了一个更为突出的角色，这段描述是由一位荷兰中年女士写下的。在她描述的体验中，当时的她差不多和在花园里脱衣的女孩一样大。在这里，在别人面前裸体似乎是她有所顿悟的催化剂。与大多数这样的体验不同，这个女孩并不是独自一人，而是被她的整个家庭所包围。这是我收集到的最富有美感的案例之一。

10或11岁　在明亮的起居室里

我赤身裸体地站在桌子上。那一定是星期六的中午，因为那天是我们全家人洗澡的日子。这是我们每周例行的习惯。为此，两个浴缸被放置在起居室里，里面装满了温暖的水——一个是供三个大孩子使用的大浴缸，另一个是供三个小孩子使用的小浴缸。此外，婴儿每天也要洗澡。我有幸是家里的老大，因此，那时我总是第一个洗，这样水还是干净的。轮到接下来洗的两个孩子时，水不会换，但会添一点热水，使水温再次适宜。我妈妈给小孩子洗，我爸爸给大孩子洗。我们全家在一起洗澡，感觉非常美好和惬意——直到我要谈到的这个星期六的中午时刻。我父亲给我洗过澡，我站在放在桌子上的浴缸里，这样我就可以晾干了。然后我突然看到我自己，我是如何站在这个浴缸里的，就在房间中央，一丝不挂的或半裸的兄弟姐妹们就在房间里。我不再是整体的一部分，而是已经抽离出来了——可以说，就像在装饰中加上一个小雕像。这是我第一次注意到，我是裸体的。我再记不起裸体的细节了。我只看到一个模糊的女孩的身体，我低下头看到的。"我不想再和大家一起洗澡了。"我说。我从我父亲的眼里看到了理解。他扶我下来，递给我一条毛巾，让我擦干。

我的记忆到此为止。回首往事，我想此刻我明白了我有一个身体，这个身体是一种隐秘的东西，你不会向每个人展示。我不记得这种顿悟是否会涉及我行为上的更多改变。无论如何，这种体验深深地印在我的记忆中，直到今天我还没有忘记。

在家庭这个安全的巢穴所给予的温暖和支持中，反思性自我第一次与表演自我和体验自我分离开来。这种分离的体验如此清晰，以至这孩子仿佛从外面的世界看到了自己。在这个案例中，主人公也是从更高处看到自己的。

德国纽伦堡一个年轻的医学教育毕业生描述了一段体验，谈到他当年住在乌尔姆，是六个孩子中最小的一个，他形容自己是一个"害羞、紧张、爱做白日梦的、孤独的人"。当时他刚出发去上学，就遇到了下面这件事：

12 岁 上中学路上的孤客

这是一个晚春或初夏阳光明媚的早晨。一如往常，我走在去公共汽车站的路上，突然有一种意想不到的喜悦感涌上心头。在那一刻，我第一次对自己是一个独立的个体及这个个体的特征有了清醒的认识，就像看待一个物体一样。就好像，我从一个困在自己内心的演讲者的位置上走了出来，变成了一个独立的、富有同情心的听众，去得出结论。这个过程始于我意识的涌现，通过我的"我"凸显出来，直到这一刻，我才真正成为"我"。一部分的我抽离出来，批判性地看着整个的我，然后评判道："你是我，你是迈克尔。"当时，我并没有意识到这件事发生的原因，直到今天也没有。

他补充了另一个重要的观察：

从今天的角度来看，我记得那天发生的事并不是一个触击我的念头，而是一个持续了大约5秒钟的流畅的过程。

这就提出了这样的问题：一个念头能持续多长时间，并且要花多少时间来记录这种顿悟。这是本书的主题。我没去问那些把他们的体验记录寄给我的人，他们的体验持续了多久。不考虑对多年前的时间估计在多年以后有多可靠，可以假定大多数人会认为 5 秒的时间是"突然"的。在第一章中雷沙尔·休斯回忆的那一段里，他提到了 4 或 5 秒，这 4 或 5 秒是分散在半个多小时的时间里的，而他在这半个多小时里什么都没做。在荣格的描述中（见引言），从学校回家的男孩也不会从高处或远处看到自己，尽管如此，他还是有一种从背景中走出的感觉，仿佛他已走出了迷雾。有时，思绪从身体游离出来是一种强烈的情绪波动的结果。在下面的例子中，一位 76 岁的荷兰心理学家描述了这种记忆：

12 岁　在童车后面，柏林

那是一个温暖的夏日，我最小的妹妹在童车里睡觉，我在童车后面散步。我当时心情很好，仍然记得我正在想自己穿的那件衣服，那是我最喜欢的衣服。那天要进城，我很高兴。那年是奥运会之年——1936 年，柏林到处都是其他国家的人。我很高兴能听到各种语言，但最重要的是那些有着深色皮肤的人的语言，因为我自己也是深色皮肤。那时，柏林的大多数人都是白人，我经常听说自己依然是一个不符合"纯正德国血统"标准形象的外国人。

这时，两位女士从我身旁经过。我听到一个人对另一个人说："看，多漂亮的女孩啊！"另一个人赞同了她。就在这个时候，我心里起了这样的念头：他们在谈论我，我是一个人！同时，我感到自己的肉体被向前拉。仿佛我之前只是背景的一部分，现在却站在前面，成为三维空间里一个独立的人。突然，我意识到我可以被看作一个人。我难以找到合适的词语去描述这段体验，但无论如何，我肯定获得了一种在世上有了一席之地的感觉。

那位心理学家给她的案例增加了以下观察性的描述：

我当然经常听到别人说我很漂亮，我也很喜欢，但这完全不同。我把那两个女人的话看作我体内休眠的某种东西的催化剂。同样有趣的是，从这一刻起，我对我的小伙伴们也有了不同的看法。我生活的社会环境随我一起变成了三维的。我现在 76 岁了。尽管这件事发生在 64 年前，但我仍感觉它仿佛发生在昨天。当时，它给我留下了深刻的印象。晚年，我有过几次加冕体验和宗教体验。当我将这些与我在柏林的体验进行比较时，我的结论是，"在世上有了一席之地"和所有其他的体验一样。最大的不同是，我第一次意识到了自己是一个独立的个体。

在这段体验中，这个女孩完全醒着，在大白天，推着一辆童车，穿过公园或沿着街道走过。她并不是一个人，她在观察和倾听周围环境中发生的事情，绝不是处于白日做梦的状态。

在76岁的时候，这位女士认为，她开始注意到了她的身份基础早已在她体内，她称它在"休眠"，而路人的评论起了催化作用。我们已确定雾会散去，而合适的风可将它迅速吹散。这个孩子突然把自己看成一个个体，感觉自己从背景中有力地向前移动，仿佛被一只看不见的手拉着。

在引言中，我提到了格式塔心理学及其对知觉的突然重组的重要性，被注意到的元素甚至全局的元素，可由此根据知觉的自主规律去形成一个新的"完形"。这难道还不符合上一个例子中描述的内容吗？

9

第九章

时间：自我与过去、现在和未来的关系

我们在前一章讨论了一种有关"格式塔"意识的顿悟形式，这种意识认为时间不是静止的，人在不断变老，世界在人类诞生伊始就已经存在。从现代科学的角度看，时间实际上是不存在的。爱因斯坦曾经写道："过去、现在与未来的区别是一种顽固的、持续的幻觉。"但芸芸众生恰巧就与这些幻觉共生，有的成年人仍然记得他们是如何意识到所处的世界，时间是如何飞速流逝的。在第一章里，弗拉基米尔的记忆是他有意识的生命的"诞生"。就像他在书中所写的，他的这种意识是由对父母和他自己在各自年龄阶段的沉思引发的。

一位 40 岁的荷兰女士记得以下的情节：

6 岁　围坐桌旁

我们一家人围坐在桌旁：我的父亲、母亲，我的两个兄弟和我。我刚刚 6 个月大的妹妹则躺在她的摇篮里。我们边吃边聊，但聊的什么我已经忘记了。一刹那，我忽然有一种意识：我并非一直活着，并非一直是这个有父母兄弟的人。这种认知令我震惊。直到这一刻之前，一切都只是给定的。忽然，一切变得不同了。我一定在某时某地有过一个开始，我一定是从某个地方来到这里的。

　　时间的流逝让女孩意识到自己在时间中的位置，女孩不再认为她的存在理所当然。"以前还没有我呢"，随后也将顿悟"未来某时也将不再有我"。

　　生日可能是个体对时间产生更强烈体验的外部诱因。在童年生涯中，每次生日都是相当重要的里程碑。通常，孩子们充满了渴望和期待，而且并不仅仅是对礼物的渴望和期待。70岁的荷兰牙医仍然记得幼年时期在荷属东印度群岛的体验：

6岁　在爪哇岛草坪上的生日

这是我6岁的生日，当时我正独自站在家门口的草坪上。我站在那里观察路边来往的行人和自行车。看到这一切，我忽然忍不住想：这就是世界，而我属于它。

一位来自荷兰弗里斯兰省的年轻女士仍然记得如下的体验：

7岁　早晨在床上

在我7岁时的一个早晨，我躺在床上，身上盖着白雏菊花纹的橘色毯子。我的头顶悬挂着一盏橘黄色的灯，里面有三颗小玻璃星星。那一刻，我忽然意识到我已经7岁了，对我而言，那是世界上最伟大的一件事。我感受着羽绒被的材质，清晰地感知到我正在纵向观察的房间，也意识到我的手可以够到电灯开关。忽然我又意识到，我能够改变屋里的任何东西，比如卷起被单之类。那种感觉太美妙了，是一种前所未有的自由感和令人鼓舞的感受。我就是我，7岁的我，任何人都替代不了，独一无二。

最后一个关于生日的体验：一个64岁的荷兰老人记得以下的

体验：

10 岁　我也有可能是头猪

1944 年 5 月 17 日是我的 10 岁生日。这一天，我沿着荷兰芬特尔市的卡泽尔内街一直走。别的不说，我始终记得那条街的名字就叫卡泽尔内街，它穿过护城河。街道上有一条名叫 Handels Kade 的铁栏杆。我用手摩挲铁栏杆，感觉到温暖，感觉到绿色油漆上的小气泡。那一刻，我想或者是说出来了：我就是汉斯·伦廷克。我往前走了一小段，发现一条沿河平铺的小路。我又想到：我也有可能是一头猪，但我不是，我是汉斯·伦廷克。

汉斯·伦廷克补充了下面这段评论，它体现了情绪化的人的典型特征：对自己"幼稚"的记忆感到不安。

当我重读这些时，我知道自己为何犹豫写这封信给你了，因为整件事看起来，像是出自一本内容有点模糊不清的书，而对于我来说，马上浮现在脑海里的想法是：哦，千万别大惊小怪。

然而，他明显能够克服他的这种压抑感，因为他又在随后的内容里写道：

> 也许我的父母把这场生日看得很重要。这个具有里程碑意义的生日（10 岁）发生在战争时期。时局紧张，生日对于我和家人来说，都具有深远意义。我总是意识到这样一个事实，这是我人生发展的特殊时刻。后来，我仍会反复想起这个体验，一次又一次。我为自己既不是任何一个其他的人也不是一头猪而感到惊奇，每次一想起这些，我就会非常快乐。

几年前，我需要去一趟汉斯·伦廷克在上文提到的那个城市芬特尔，我专门去了他提到的那个地方，去看那个铁栏杆还在不在。如他所言，绿色油漆上的气泡仍然看得见、摸得着。只是栏杆因为当时的冬雨而使人感觉不到温暖了。那条平铺的道路在不久前被摧毁。那一整片都在翻新，因此很可能用不了多久，铁栏杆也会消失。

每年辞旧迎新之际，是另一个能够明显地唤起自我意识的特殊时间段。对于这一点，我想引用三个事例。

第一个案例来自荷兰的一位 40 多岁的女士，她讲述了自己 8 岁时的一段记忆。

8岁　手里拿着一个盒子

1967年，我第一次领受圣餐。你会给所有来祝贺你的人赠送纪念品，这是很普遍的做法。我的一张照片记录了那时的情景，照片背面有我写的日期，1967年5月23日，还写了好几遍。

那年12月底的一天，我正在父母工作的地方给他们帮忙。我手里拿着盒子，正要把它们摞成一摞。我仍记得清我所站的位置。新年在即，我们有很多事情要做，我知道1968年马上就要到来了。我想如果我在那一年领圣餐，我就要在卡片上写上1968年。在那一瞬间，我意识到时间飞逝，新年之后，1967年永远不再回来，时间永远朝着某个方向不停地前进。从那一刻起，我看待时间有了不同的眼光。在此之前，我从来没有察觉到时间的存在，即使我每年都过一次生日，长大一岁。直到1967年12月的这一天，时间流逝的意识开始渗透到我的脑海里。

下一段"新年记忆"中的小女孩也已经8岁了，它来源于一位年轻的荷兰女士。但是顿悟之后，一切并未停止：她试着去做一些事情来抵抗人生的短暂。

8 岁　我希望时间定格

　　这是 1975 年的新年。突然，有一刻我感觉自己好像独自站在房间里。不妨这样说吧，我看到我自己站在那儿，想着：这永远不会再发生了。明天就是 1976 年，而今天将一去不复返。许多年以后，我将不再记得现在的我是怎样的，感受到了什么，一切都持续不断地结束和开始。那一刻，我觉得很不幸，很羞愧。我突然为自己想要保留这种感觉的那一时刻而动容，我暗自对自己一遍又一遍地说：现在是 1975 年的新年，我 8 岁了。我站在这里，这是椅子，那是桌子，一切如是。随后一段时间里，我保持静默，因为我想抓住这些记忆。我不记得我后来做了什么。有趣的是，在那一刻，这些想法让我感觉很快乐，之后我感觉到前所未有的自信，至少在那个晚上是这样的，好像我体验到了一些至关重要的事情。

围绕这段记忆，她补充道：

　　当我读到你的文章时，这个记忆再次浮现。在我有自己的孩子之前很长一段时间内，我几乎很难回忆起我的童年。但那时，不愉快的记忆却会浮现，令我多少有些烦恼。而前

面我写的那段记忆是如此珍贵，以至我问自己，怎么会让它
在黑暗的角落里积了这么长时间的灰尘。

对于一些读者来说，可能很难在这样一个看起来无关紧要的
事件中看到一些珍贵的东西。但很明显，这个孩子发现，通过将
事物存储在记忆中，也许能够抵抗时间的不幸流逝。有那么一刻，
这孩子感到无比的开心并充满了力量，因为她认为，她可以通过
这种方法对短暂的时间做些什么。我们拍摄的所有照片和视频，
从很大程度上来说，不都以这种需求为出发点吗？我们记日记、
保存档案、撰写历史记录，不都在试着去抓住时间的地平线之外
即将消失的东西吗？

一位来自柏林的社会工作学专业的年轻学生向我报告，在某
年的除夕夜，他意识到了时间的进程，这种意识导致他第一次了
解到自我不会随着时间而改变，而会保持原有的身份。

10 岁左右　除夕夜向窗外远眺

我当时大概 10 岁（事实上，我也可能是 9 岁或者 11 岁，
我记不清了，但是当时的情景一直在脑海中挥之不去）。当
时正是除夕夜，我在自己的房间里，站在窗边向外眺望。我

在思考几个小时后就会到来的新年会带来些什么。在我思考未来将带来什么时，我忽然问我自己，到底什么是"明天"。我注意到，实际上我并不知道"明天"到底是什么，尽管我想当然地使用了这个词，就像我周围的其他人一样。

然而就在同一时刻，我突然领悟到了明天、昨天和今天的意思。想到这些，看起来好像在此之前，我只是活在梦中一样，并没有清醒的意识。突然间，我不仅理智地理解了这些词的含义，而且就像人们突然理解一个复杂问题的公式一样，我还体会到我就在这些术语之中穿梭。这样我可以从昨天活到今天，从今天活到明天，我的自我因此有了连续性！

让我们回头再看看那些对有意识的体验的时刻永志不忘的渴望。首先是来自比利时安卫特普的一位年轻女士的回忆。

9 或 10 岁　在玩具储藏室里

这件事发生在我 9 岁或 10 岁的时候，当时我在家里的地下玩具储藏室内，站在一个靠墙的桌子前。我想不起来在这之前有任何特别的事情发生。桌子上放着白色的、长方形的黄油碟。我往碟子里扔了一个放在旁边的东西，记不清是一个贝壳还是一颗小石头，抑或是一个玻璃弹珠。在这个过程中，我决定要永远记住人生中的这一刻、这个地方。那一刻，我清楚地意识到一个事实：我站在这儿，我是一个鲜活的生命，同时，我知道自己是一个孩子，而且不会永远只是一个孩子。这是一个测试，看我是否能够将这件微不足道的小事保留在心中，铭记多年。我确实铭记了多年，现在我已经 32 岁了，我很高兴自己仍然保有这件事的记忆。每次我想起这件事时，就感觉它仿佛发生在昨天。

她又补充了以下内容：

我相信这对于我来说是唯一可能证明我真的曾经作为一个孩子存在过的方法。我成功地做了一些事情，抵挡住了生活中某个时刻的流逝，就像一个人掐了一下自己的脸颊，以确认所体验的事情是真的一样。

接下来是这类记忆的最后一个例子。它来自德国汉堡一名年轻的机械工程系的学生。

大约 10 岁 在一棵大树底下

这件对于我来说具有重大意义的事情发生在我 10 岁左右。我们一家五口驱车去看望我父母的朋友，他们住得离我家比较远。我们坐在特拉班特汽车里，伴着沿途的美丽风景开始了短途旅行。途中，我们在一棵大树旁边停下来休息。我和两个哥哥在大树底下绕着树互相追赶。然后我忽然停住了，我看到了所有的细节。我看到大家谈笑风生，叶子在风中摇曳，日光穿透枝丫照射进来。然后我感到很害怕，我很清楚，我再也不会体验到这个美妙的时刻了。我想时间的流逝是如此匆匆，感觉这一刻才刚开始一会儿就已经结束了。我想了想，我已经多大了，在那段时间里我都做了什么。从这天开始，我对自己发誓，每隔几年都要提醒自己重温这一刻。我第一次记得，还没过去一个小时呢，我们再次上车驶离这个地方，那棵大树被远远甩在身后，太阳逐渐被云遮住。

现在我的年龄是那时的两倍，我只是奇怪，当时我还只是个小男孩，怎么会有这么重要的想法。这段体验如此深刻，我依然能看到那棵树，我依然能看到那条小小的、狭窄的公路。路的另一侧，是种着庄稼的田野。我能看到树后面的房子和树旁边的长凳。我永远都不会忘记这一切，我只是想知道，当我的年龄是现在两倍的时候，关于这个体验，我将想起什么，生活将是什么样子。

接下来的叙述来自慕尼黑的退休教师，她将两个要素完美地结合在一起：女孩想要留住的那一刻，其中包含着她第一次对遥远未来的有意识的思考。

大约 11 岁　穿着深蓝色法兰绒裙子坐在厨房的桌子上

20 世纪 50 年代，我有一次坐在厨房的桌子上，晃荡着双腿，我的目光落在熟悉的挂历上。我注意到这一年，然后忽然问了自己几个问题：10 年后，20 年后，我的人生会是怎样的？我会有份什么样的工作，我的丈夫是什么样的，我有没有孩子？在我的思绪里，我徜徉在未来的几十年里。2000 年的时候，我 55 岁，大半辈子会过去。我急切地想知道我的未来是什么样的，我的整个命运是怎样的。当我思考的时候，我决定永远都不忘记这一刻。我试着把所有的情景都准确地记在脑海里。所以即使是今天，我仍然能够看到自己扎着马尾辫，身着深蓝色法兰绒裙子，裙子上点缀着小碎花图案，套着白色的及膝袜坐在厨房的桌子上。在我面前的是橱柜，上面有日历及固定它的图钉。

在一些记忆中，时间意识与存在意识——自我在世界上存在的清晰体验，甚至连接得更紧密。但也有人有自我"不存在"的体验，就像本书的英文版的翻译特甘·罗利（Tegan Raleigh）告诉我的那样。

7 岁　在奶奶的车里

我仍然记得当时和奶奶坐在汽车里，有了特别奇怪的对时间的顿悟。在非传统的蒙台梭利小学，我们一直在学习地球上的生命史。我们用古生代、侏罗纪、中生代等所有的年代制作了时间轴，也许正是出于这个原因，我把时间想象成一条线。在这一刻，我觉得我有点儿失去耐心了，只想回到奶奶的家里，这样也许我就能吃上糖果。我想象着汽车开向房子时所走的路，路的尽头是未来的自己，我们开始旅程的地方是过去的自己，而现在坐在车里的是现在的自己。但是我在思考这一切（与其说是思考这一切，不如说想象它，我更倾向于具象化的思考），我注意到，很显然，我们处于运动中。在我认识到这一切之前，现在的我已经变成过去的我，现在的我不是静止的。即使我们不断在前进（在时间和空间上），我自己也并没有变化。我总是把未来的自己想象成另一个人，好像未来已经存在一样。而另一个我在未来道路上将走得更远。我很快明白，自始至终我将一直都是我，直到死亡，到那时这个世界再也没有我。想到这个世界没有我，我就感到很害怕，因为我无法想象，我不知道如果我不做自己，将会是什么样的。

本章最后一个例子来自荷兰一位 52 岁的心理学家。

12 或 13 岁　正在阅读书本靠右手边的那一页

　　我当时正在看一本适合女孩看的书，我已经不记得是哪一本了，而且我只读了右手边那一页的 1/3。当读到两个段落之间时，突然我觉察到岁月长河中当下的自己，这让我心潮澎湃，为之动容。那个时刻，一个句子闪现在我的脑海中：现在就是现在，她很难理解这个。我花了一小段时间，大概 1 或 2 分钟，思考这个想法，然后继续阅读。我看到并且感受到了当下的自我，同时也感受到了一些特别之处，但是我无法理解它。

在她的信中，她也试图分析上述回忆的意义：

　　现在你可以问这样一个问题：这段回忆与自我意识的关系是否大过与时间体验的关系？我一直认为"她很难理解"这句话很有趣，这表明我也把自己当作一个局外人，就好像我正在读一本讲一个女生有这么一段体验的书。后来，我想这与我生活的不同世界有关。在我走进其中任何一个世界的那一刻，它们都是真实的，只不过有时我书里的世界，那个幻想的世界和现实世界是重叠的。在我顿悟的那一刻，我显然置身于现实世界，又置身于书的世界。即使今天，我仍然有一种和那时一样的感觉，尽管是一种微弱的感觉——那是一种在岁月的布景下，突如其来的对自我的意识。这句话也一直是这个认知里的一部分：现在就是现在，她很难理解这一点。这种感觉总是只持续一小段时间，而且我仍然不能理解它。

这些是心理学家的话，她写道，40年来，她从未与任何人分享过这段体验，无论是她的大学同学，还是她的丈夫和孩子们，即使她在生活中经常想到这一点。奇怪的是，很显然，当她还是个学生时，或者后来她在她的研究和职业生涯中读过的文章和书里面，她都从来没有发现过类似这样的有关童年体验的描述。这是我觉得难以理解的。

　　然而，她的体验表明活在当下的"反思性的我"与"表演的我"的区别。"表演的我"活在不断流逝的时间里，而"反思性的我"则试着与不断流逝的时间保持一段距离。从某种程度上来说，这只是暂时的，"我"始终被时间约束，因为我们无法留住过去。因此，"现在就是现在"这句话基本上是不真实的，也不符合时间是不断变化的事实。这就是这位心理学家直到今天还不理解她12岁时所说的那句话的原因吗？现在就是现在，听起来好像没什么问题，就好像一头牛就是一头牛，但如果仔细想想，"现在"是抓不住的，当我们试图抓住它的时候，它已经成为过去。在照片、电影、日记或诗歌中，它可以被复制或者描述，但这个说明或者描述不是现在本身。玛格丽特在他的一根烟斗的图片下面写道：这不是一根烟斗。有时，你会听到人们说，"过去是过去，现在是现在"，以此来说明他们没有兴趣沉湎于过去。"过去是过去"，这句话倒没有什么可反驳的。但现在不会是现在，现在已经不是现在了，有时这确实挺难理解的。

　　我还收到很多人发来的故事，讲述他们在孩童时期就突然明确地意识到，他们的童年或者青春不会一直持续下去，或者已经结束了。通常，这个意识并没有一个具体的触发点。大多数情况下，主人公的记忆中这个意识不是在发生了什么重大事件时产生的。举一个当时还是11岁女孩儿的例子：

　　我从寄宿学校的房间走出来，当我穿过宽敞的学生宿舍去往洗手间时，我忽然意识到，我的童年结束了。

　　同一类型的记忆中，还有一个人突然愉快地认识到：她目前忍受的一切必将成为过去，一个即将到来的未来将使她独立，摆脱今天必须承受的一切。所以，让我们倾听一位30岁的女士在八九岁时的体验：

　　我突然清楚地看到，这段艰难的时期总有一天会结束。我想，每过一天都让我离自己决定想要什么和不想要什么的日子更近了一天。

　　在这里，未来的时间被认为是她对现在的解脱。今天，给我发这封邮件的女士过着幸福美满的生活。

10

第十章

不寻常案例：其他类型的童年自我意识发现

　　前一章讨论了在成长的时光中认清自己的定位的相关内容。当孩子们发现世界比他们想象的要大，还有很多他们不知道的地方，住着不同的人，或者在涉及归属的国家、民族时，在他们发现自己也归属于别的族群时，他们就会变得更加容易有自我意识。他们可能会意识到并非所有人都拥有相同数量的财富，会意识到自己家的经济状况。此外，他们会形成这种顿悟——察觉到一个人可以自由地思考和做自己想做的事情，并且认识到一个人不必像以前那样行事，特别是涉及同伴关系的时候。最后，人们也意识到自己的死亡是不可避免的，一个人的存在是有限的。这本书讲述了顿悟，它们给孩子们留下了深刻印象。本章涉及的所有不同类型的顿悟，在大多数儿童中是逐渐发展的，并不构成"冲击效应"。在这里，我们讨论的是一些不寻常的案例，案例呈现了一种强而有力的意识的突破，孩子们因此留下了难以磨灭的记忆。

　　首先，让我们看一个 8 岁女孩的例子，当她面对一个比自己熟悉的环境大得多的世界时，她会感到强烈的恐惧。一位来自乌得勒支大学的年轻荷兰学生回忆了以下情景：

大约 8 岁　世界上还有别的地方，住着其他人，许多人

　　那天父亲、母亲、姐姐和我坐在车里，我们从爷爷奶奶那里回家。当时正是傍晚，外面很黑，我打着盹儿，时不时地看向窗外。我至今仍然准确地记得那一刻的情景及当时的感受，仿佛我正俯视着坐在车里的自己。我向外看，远远地看到许多光。一开始我以为是路灯，但因为有很多，所以我问父母为什么会有这么多光。他们说这些灯火来自不同的房子

（高楼？）以及住在里面的人。我感到非常害怕。这是真的吗？在这之前，我的世界只有海讷默伊登村和我爷爷奶奶住的另一个小镇。原来还有其他地方！我感到既害怕又好奇。

我们在前面章节提过的退休慕尼黑老师也记得以下的一幕：

4或5岁　为什么我们不是美国人？

我出生于1945年5月。我父母各自的家庭都受到了战争的很大影响：失去家园，失去故土，失去奔赴战场的孩子们。

作为一个小孩子，我能时刻注意到战后状况：紧急避难所、食物稀缺、瓦砾、炸弹坑、货币改革、占领军、德国分治。那时我四五岁，每当我问起来，母亲总是试着用简单的话语向我解释这些复杂的事情。她不忘告诉我"我们德国人"是这场战争的罪魁祸首。因为随处可见美国占领军士兵，我知道有不同的国家。我对黑人士兵特别着迷。在附近被占的别墅里也住着美国人。

于是我问母亲为什么我们是德国人，而不是美国人。"你生来就是这样，别无选择。"她说。突然我意识到我有一个明确的、国家的身份，它是独一无二的，有塑造作用的，也是机缘巧合的。

前面的回忆片段与某个特定的族群或国家相联系，现在让我们转而看看与社会阶层相联系的记忆片段。一位心理治疗师和作家是这样向我们介绍她的回忆的："我住在奥地利东南部，靠近斯洛文尼亚边境。我出生于希腊，在德国长大，现在我生活在复杂的环境中，我希腊的族裔血统和德国的社会文化相互渗透。"她回忆着如下体验：

五六岁　我们很穷

我和一个家境优渥的男孩很要好，我们家没有的，他们家都有。他们家一家三口，幸福美满。他们家有一只狗，有钱，还有一座漂亮的房子，等等。而我的妈妈是个希腊人，我的父亲抛弃了他的妻女。我们很穷，没有狗，没有钱，没有幸福。一个秋天的傍晚，我从小伙伴的家里回来。在回家的路上，我走过一条长约 500 米的沙路（路的两边是一幢幢带着小花园的小房子）。天已经黑了。大约走到一半的时候，我转过身来，电光石火间发现自己完全是孤身一人。这就是

"我就是我"的感觉，它意味着孤独、隔绝、自力更生，意味着我困在从远离我家的、充满幸福的地方去往我那悲惨的家的路上。最后，我不得不回到我不幸福的母亲身边。

此外，她写道：

可悲的是，我记忆中的事件并不美丽、崇高或祥和。我的回忆里都是害怕，充满了恐惧。

还有对灵魂自由、思想自我的发现，它可以默默地相信它所喜欢的东西，能够以与人们所期望的不同的方式思考，甚至可以展现出与它们真实的面貌不同的样子——它可以迷惑你。

一位 48 岁的德国心理学家和法庭特邀家庭事务专家回忆了以下事件：

大约 7 岁　我的思想是自由的

当我上小学一年级或二年级时，我们学了这首歌——《思想是自由的》(*Die Gedanken sind frei*)。对我而言，这是一种顿悟。在那之后，我醍醐灌顶般地认识到，我可以随心所想。我不用告诉其他任何人我脑子里想些什么。当时，这对我而言是一种个性化，因为我意识到了自己的独特性，并且有权利保持沉默。

在良好的成长过程中，孩子们应该尽可能地向父母说实话，这很重要。尽管如此，为了让自己摆脱困境，每个孩子多多少少都说过谎。以下记忆来自一位中年荷兰女子：

大约 7 岁　我能说谎！

我是家中最小的孩子，有两个哥哥。其中一个哥哥犯了错，具体的细节我记不清了。当我母亲问是谁干的时，我们都没有想要"承认"。为了给"罪魁祸首"施加压力，我们都被带到了楼上。除非有人自首，否则其他人都不能回到楼下。我对母亲申诉："如果是我，那我肯定会承认的！"在房间里，我一开始非常沮丧。母亲不相信我，我白白被送上了楼。当我坐在那里生闷气、想着这件事时，我突然明白，如果我确实做过某件事，我完全可以说它不是我干的——我可以说谎。在接下来的一整天里，这一发现让我兴致盎然。

孩子们能现实地评估自己的能力和天赋，这对他们的认知和行为发展非常重要。在下面的记忆描述中，发生了一些事情，揭示了为什么这么多七八岁的孩子在他们的画中展现出极好的创造力，却在某个时候，突然发现原本被他们父母和祖父母盛赞的作品十分幼稚，并因此放弃画画。他们对自己的作品失去了纯真的态度，注意到自己的作品与大孩子的或者那些他们在书本、电视和电脑屏幕上看到的作品，存在品质上的差异。在接下来的回忆中，这个孩子不是将自己的画作与另一个孩子的画作或书中的图片进行比较，而是与她头脑中丰富多彩的生动形象进行比较。这使得这段故事尤其特别。如何使用传统发展心理学的科学方法，来探究儿童在这么小的年纪的脑袋里体验过的思想呢？

7 岁　我画不出想象的场景

那一年我 7 岁，正坐在教室里。老师热情洋溢地给我们讲述了一个故事，然后让我画出印象最深的部分。突然，我看到了我想要的画面。整个基调是明亮的，我会把白色的小羊羔画在一个长满三叶草的绿色牧场上，还有一只黑色的狼从羊群后面溜走。春光明媚，阳光闪耀。我打开了大盒凯兰帝蜡笔，满心期待自己能创作出美丽的图画。但当我画完第一只小羊时，显而易见，它和我想象中的完全不同。我突然意识到，自己无法做得更好。这是我第一次用"客观"的视角观察自己的绘画，看到自己能力的欠缺。我因此失望极了。

除了前面提到的顿悟体验之外，还有一些意识是关于摒弃过时行为的自由的。在第七章中，我们已经看到一个情节，一个13岁的女孩决定放弃她的小丑角色。在同一年龄段，来自海牙的一个女孩也有类似的体验，并认为过去的行为模式——她的"角色"——不再适合现在的自己。这个女孩现在住在阿姆斯特丹，是一名心理学家和作家，同时也是我的妻子。对于她来说，被年龄较大的孩子（实际上已经是青少年）所接受的愿望，使她摒弃了自己曾经非常珍视的那部分。

13岁 我不能再朗诵诗歌了

在中学第一学年开始时，学校礼堂举办了一项娱乐活动，所有想要表演的学生都可以参加。在上小学时，我诗歌朗诵得非常精彩。但今天，我感觉这是我遇到麻烦的根源。我不记得晚上报的是哪首诗，但是接下来的细节我记得一清二楚、完完整整，尽管我从来没有和任何人谈过这件事。下午彩排的时候，我去了礼堂，沿着中央走廊径直走下去。在走廊的尽头，有架管风琴。在管风琴下方，由高年级学生组成的乐队正在练习。一个金发的大个子坐在鼓后面。我当时的感受难以言表。就在一刹那，我清楚地意识到：我不能在这里朗诵诗歌了。那是小孩子的事情——我不再是个孩子了，我现在是青少年。一想到他们将听到我背诵诗歌，我就感到很羞愧。我立马转头告诉负责彩排的老师，说自己喉咙特别痛，所以……他可能认为我是怯场了，并因此嘲笑了我一番。但这对于我来说并不重要，只要能让我免受更大的耻辱就足够了。

最后还有两个例子，在这里面，儿童认识到他们自己的存在，以及进而意识到自我意识不可避免的有限性。一位现年 60 岁的荷兰艺术家和发明家一直保留着一个久远的记忆：

大约 4 岁　每个人终有一死

这是风和日丽的一天，客厅的窗户是敞开的。我的父亲坐在靠窗的扶手椅上，我站在他旁边，母亲在房间里走来走去。当时我应该是 4 岁左右。我不记得是什么引发的，只记得我们讨论的主题是死亡。我听到他们说："每个人终有一死。"我问这是否也适用于我，我得到的答案——是的——这对于我来说，是一个沉重的打击。这不是真的！它不适用于我，我会永远活着！我看着外面的蓝天，仿佛天空的辽阔可以证实我生命的无限。尽管如此，我也相信我的父母，毕竟他们什么都知道。所以我充满了极度的沮丧感。他们试图让我高兴起来，但没有用。有一天我会死，我知道。

随着年龄的增长，孩子们会发展出防御机制，将意识中令人痛苦的事物合理化并中和。以下的回忆来自一个年纪大一点的男孩。当他想到他也有可能从未来过这个世界时，他就能克服来自他终有一死这个事实的悲伤。最终，自己还活着，幸运地活在世界上，并成为某人的喜悦的想法占了上风。一位来自柏林的 58 岁的物理学家讲述了以下体验：

13 岁　虽说奇怪，但就是这样，我——这就是我

我想向你叙述我的第一个个人的"自我体验"，13 岁的

我，体验了一个不眠之夜。我辗转反侧，想着有一天世界不
再存在。我想象着，如果我和我对事物的看法都消失了，整
个大地和宇宙万物将如何继续运转，直到永远，没有回头路。
我颤抖着。但是，我逐渐因为这个事实感受到了一种愉悦感：
我——是的，我——出生在这个世界；如果没有我，世界也
会很好地运转下去。没有人会注意到，尤其我更不会注意到。
我因此非常感恩自己来到了这个世界，不仅仅是作为一个有
形的、有思想的存在，而是作为我自己。我只是想到——**虽
说奇怪，但就是这样：我——这就是我。**

11

第十一章

超验体验：自我作为精神总体的一部分

第十一章　超验体验：自我作为精神总体的一部分

本章将关注被称为超验体验或高峰体验的一类体验。在这里，自我意识实际上并没有指向自我个体，而是个体融合在包罗万象的整体之中，这个整体大致可以理解为大自然、爱、宇宙或上帝。

1973 年，英国基尔大学的迈克尔·帕法德（Michael Paffard）出版了一本关于在童年和青春期发生超验体验或超自然体验经历的书。① 书中案例来源于 475 名学生的个人体验。帕法德给他们提供了威廉·亨利·哈德森在其自传《远方与往昔》（*Far Away and Long Ago*）中的一段作为引子。

我想，我直到 8 岁，才开始清楚地意识到，还有一些孩童之乐以外的来自大自然的喜悦。也许这从我婴儿时期就一直存在，我不确定，但当我意识到这种喜悦时，那种感觉就像有一只手偷偷地将什么东西放进了蜂蜜水中，给我不时地带来一种新的味道，让我有些兴奋。它有时是纯粹的、愉悦的，有时是令人震惊的，也有时如此凄美，让我心生恐惧。有时，一个落日的壮丽场景，就让我如此震撼，不能自已，让我想要把自己隐匿掉。树木是所有景象中最能让我产生这样强烈感受的，虽然感受的强度可能会因时间、地点、孤树

---

① 迈克尔·帕法德. 不光彩的华兹华斯：对儿童和青少年一些超验体验的研究（*A study of Some Transcendental Experiences in Childhood and Adolescence*）[M]. 伦敦：霍德和斯托顿出版社，1973.

或者树林的外形不同而有差异，但在月光之夜时的影响总是最大的。自从我第一次有意识地体验到这种感觉之后，我便开始频繁地创造机会，不遗余力地期盼与之再会。我会在月圆之夜，独自偷偷地溜出房间，走进一片大树林，静静地、一动不动地站在那里，凝视着那镀满银色月光的暗绿色叶子……此时，一种神奇的感觉会从心底油然而生，慢慢变得浓烈，快乐的感觉随之变成恐惧，而恐惧累积到我无法承受时，我会匆匆逃离，重回到有光亮、有别人陪伴的屋子里。在那里，我能重新找回现实感和安全感。

这个例子引起了学生们的如下反馈，例如：

突然，我似乎把所有世俗的影响抛诸脑后，感叹宇宙是如此浩瀚，而人类是如此渺小，微不足道。

又如：

当我独自一人在乡下，或者准确地说，在任何空旷而荒凉的地方，尤其是没有人知道我在哪时，"没有人知道我在哪里，而且也没有人在乎"的想法就会飘入我的脑海，这总会让我意识到自然的无垠和自我在宇宙中的渺小。

读者们可能还记得，我在前面的引言中所引用的荣格的例子，荣格的例子中丝毫没有帕法德给他的学生所举的、发生在哈德森小镇的例子中的那种想把自己隐匿起来的想法。而恰恰相反，荣格所体验的是一种释放的感觉，是一种从重重迷雾中凸显出来的感觉。我的调查对象可能会受荣格这个正面例子的影响，因为他们回应、传递的大多是自信、安全的感觉，即使当个体感受到自己融入包罗万象的整体中时，也是如此。

例如，一位来自荷兰弗里斯兰的 82 岁女性，就回忆了她年仅 3 岁时的一件事。

3 岁　在床角

我醒来，意识到自己躺在床角，小油灯里闪烁的黄色灯光忽明忽暗，灯光下影影绰绰。我可以听到从另外一个房间传来微弱的说话声，时不时地还响起吱吱嘎嘎声（那是弟弟秋千上粗大的绳子发出的声响，他才一岁大，爸爸把他的秋千挂在了洗衣房里）。突然，我被一种奇怪的、令人舒适的安全感所征服。我躺在这里，属于这里，我是这灯光，这声响，所有这一切的一部分。我从没有告诉任何人这件事，但这种黄色的灯光，比如巴黎旧街灯的灯光，总会让我感到愉悦。

对于这个 3 岁女孩而言，这个包罗万象的整体也只不过局限于她的房子、她的家，但在那里，她知道自己是安全的、被爱的。在她的床角，她体验着这一刻，这一刻充满了生活在这个温暖舒适的屋子里的喜悦。

随着孩子们逐渐长大，他们会独自或和别人一起接触大自然。在大自然里，他们会突然意识到自己和大自然的关系，尤其在风和日丽的好天气时，更是如此。

一位 65 岁的荷兰小学老师应我之邀，发来了如下她称之为"突破性体验"的描述：

8 岁　春日里，有杜鹃花丛的树林

那时我 8 岁，和我的弟弟在靠近海牙的一片森林里玩儿。我自己走开了，来到一片陌生的树林中。突然，一片怒放的杜鹃花花丛出现在我眼前，我仿佛身在一个童话世界。花朵在阳光下熠熠生辉，美得令人窒息。这一时刻，我的体验如此强烈，我毫不怀疑我独自见证了如此美好的东西。这是一种独自沉浸在自然中的感觉。我从没有忘记这次体验，每每想起，即便时至今日，我仍然感觉自己的心中充满了极大的愉悦感。

然而，这样的体验不只发生在大自然中，也可能发生在街道上。

一位在英国工作的荷兰心理治疗师想起了下面的事情：

7 到 9 岁　我当时正想过马路

　　一天，我在小学放学回家的路上，当时就我自己。我仍然准确地记得当时的地点。我站在路边，正想过马路时，突然，好像有什么东西抓住了我。我感觉自己被举起。这种像被什么东西包围了的感觉太不寻常了，我有些被吓到了。我辨别不出这背后到底是什么力量或能量。我感觉自己被拉起，被一层能量笼罩着……我不知道该怎么形容，可能是爱吧，尽管我当时并不知道爱是什么。我感觉自己归属于一个更大的整体，似乎自己在正中央。那一刻过去之后，我有种恍如隔世的感觉。

　　一位来自威斯特法伦的 50 岁的自由科学作家给我发来了一封信，他给我讲述了自己艰辛的生活，以及 9 岁时对自己做的一个至今未曾兑现的承诺：

　　　　……我很乐意分享这段让我意识到自我的体验。但不幸的是，这种自我意识并非持续性的，至少不像我们对德语中这个词的理解那样。

　　继而他讲述了一段充满不确定的、令人沮丧的生活。于是，这个例子说明了有意识的积极的"我就是我"的体验，并非对日后的人格发展有很大影响。尽管给我回应的大多数人说，他们的成年生活是成功的，哪怕那并不容易，但也确实有一部分人，再也没能像在童年的体验中那样被突然的光环罩住；更有甚者，还有人不得不生活在巨大的黑暗中，就像被逐出了天堂一样。

9 岁　我在沙子上写下了自己的名字

当时我在一个自己经常去闲逛的操场上。在那之前的几天，我刚刚过完 9 岁生日。那时，我突然感觉"我是完完整整的我，且只是我，我和别人是分开的，和别人没有任何关联"。我把自己的名字写在沙子上，那个场景，现在仍历历在目。我盯着我的名字，感觉自己完全属于自己。我看着自己，好像体会到了一种短暂的、美妙的快感。我感觉自己是独立的，这种感觉好强烈，我一点儿也不害怕，反而充满了自豪感和安全感。此刻，其他的孩子都不重要了，我就是我，尽管我对他们并没有敌意。

这是一种升华，一种顿悟的体验，一种富足和完整的感觉，一种被某个更伟大的整体所包容，成为其中一部分的感觉，这种感觉我后来几乎没再体验过。并且，这次体验，我从没像今天这样对任何人讲过。

一位艺术史教授就职于阿姆斯特丹大学和美国史密斯学院，他的视觉艺术电视节目使他在荷兰颇负盛名。他回忆了自己 12 岁时在瑞士的体验。对他而言，这种体验激起了一种"强烈的幸福感"。

12 岁　身后是教堂、面前是群山的景色

20 世纪 50 年代，我们全家总会在假日里去瑞士恩加丁的伦茨度假。我们和乡村校长在那里过夜，他会教我们瑞士德语和登山。一天晚上，我得到允许，可以在晚饭后独自出去散步。村子外面，罗马圣母教堂孤零零地矗立在雄伟群山之中的一座小山上。教堂里，有一座华美、高耸的祭坛，上面的画金光闪闪。教堂周围有墓碑，校长和他妻子的名字——西蒙 - 威利或威利 - 西蒙，经常出现在那里。

我背靠着教堂的门坐着，看向面前的群山。我双臂紧紧地环抱膝盖。渐渐地，我充满了一种奇怪的幸福感。在这儿，我远离他人，这是我的地盘。我保持着双臂紧抱膝盖的姿势。过了一会儿，我好像熟悉了德文中能描述此刻的那个单词

sich zusammennehmen（汇聚成形）。但在这次真实的体验中，我感知到了"我就是我"。这是一次高峰体验，它包含了我和环境的完美契合，我想永远这样待下去。我想这和群山的风景有关，也可能和我当时的境况有关：独自一人，半蜷缩在上帝的殿前。不管怎样，上帝与我同在。那一时刻，我无比虔诚，怀着"上帝是伟大的，而我是渺小的"的心情。与此同时，我发现，我是无上伟大的上帝的一部分，我也第一次感受到，我无法离开上帝，而上帝也不能没有我。我心中洋溢着奇怪的自豪感：我坐在这儿，为我自己而存在，也为上帝而存在。

在这个例子中，有两个并行的方向，一个指向自我，指向"我就是我"的自豪感，指向自主感和独立感；另一个指向一个更伟大的整体，自己沉浸其中，臣服于神灵或大自然的怀抱。这两种想法的交替似乎是青春期的典型现象。

著名的大脑研究专家安德鲁·纽伯格（Andrew Newberg），也是畅销书《超觉玄秘体验》（*Why God Won't Go Away*）的合著者，曾对藏传佛教的僧侣和方济会的修女做过一个研究，这些人因冥想或祈祷而经常获得超验体验。纽伯格给他们做的大脑图片显示，他们大脑前额叶皮层的活动增强，而同时大脑上背部的后顶叶和上顶叶的活动减少。在纽伯格看来，这个区域的左侧负责一个人身体边界的知识，即自我和环境的边界。右侧区域负责创建环境的图样，但这依赖于身体和感觉器官提供的信息。而冥想的时候，这部分会被尽可能地阻断。因此，自我和环境的边界会变得模糊，有一种自我与无限空间融合的感觉。纽伯格把借由这种体验带来的强烈情感归因于颞叶，我们的"感觉中心"和边缘系统就位于其后。

也许由于大脑内部有同样的思维过程，儿童期的孩子们就能够有这种自我和环境边界模糊的体验，还伴随着幸福感。有可能儿童的大脑更倾向于"逾越边界"，成人只有靠频繁的祈祷或冥想才能达到的状态，在儿童身上却可以自发产生。对于孩子来说，似乎只要关闭大脑，望向苍穹，就能轻松产生这样的体验。晚饭后，独自一人站在山顶，眼前风景壮美，身后有个熟悉的教堂，让人感觉那么安全踏实，这些应该是上述例子中男孩发现自我的物理环境，这个环境非常有利于冥想。

加拿大心理学家迈克尔·佩辛格（Michael Persinger）用电磁脉冲刺激成年的被试者的颞叶，大多数被试者体验到了一种神圣或精神上的感受，确信自己感觉到了什么物或什么人。有的是"上帝"，有的是"外星人"，有的是"已故亲人"，偶尔还有"自己身体外的另一个自己"。这些体验与本章所描述的体验有很多共同之处。试验中，成年被试者被施加的电磁脉冲是有意为之的，是否在儿童的大脑中，这种情况能自发产生呢？

　　不管是注意力仍然停留在自我的"思绪从身体游离出来"，还是与一个更大的包罗万象的整体、与神圣的爱融合，可能都来自大脑同一区域的被激活。但为什么这种激活发生时，有的人体验到的是一种神圣的存在，而有的人只体验到他自己，这确实是个谜。即使那些认为自己不信宗教的被试者，这样的激活也会引发其对上帝的体验。也许，未来，在更加精准的脑区域激活的帮助下，我们有可能系统地实现这样或那样的体验。那时，你只要戴上一个"体验头盔"，使用电脑控制，就会生成某种你个人喜欢的体验。尽管我们可能还有一段路要走，但本书中所描绘的儿童在没有任何高科技辅助下的体验，有可能在外力干预下在成年人的大脑中展现。我对与"拓展意识"有关的物质成分产生的功效知之甚少，因此，无从得知如今是不是已经可以单纯地靠吃一粒药丸就能展现这种体验。

　　最后，关于儿童期的超验体验，我还想说的是，约在一个世纪以前，德国神学家鲁道夫·奥托（Rudolf Otto），提出了"numinous"这个词，它可以用来描述这样一种情境：儿童或青少年感觉上帝或一个类似上帝的存在正在邀请"我"超越自己，融于它的存在和爱中。拉丁词"nume"，意思是"象征"或"意志"，"上帝"或"女神"，一种更高级的力量。布鲁诺·沃尔特在《主题和变奏曲》中写道："（这是我）第一次模糊地意识到，我就是我，我有自己的灵魂，它在某个地方不知为何被一些东西触碰到。"这恰是"numinous"的含义所在——感觉到我们自己或灵魂被一个无形的、万能的、精神上的意志所触碰。[①]

　　收集这类体验非我本意，但因为我获得了一些受访者这样的回复，就想把它们也写在这本书里，并把它们看作有关"我就是我"的一些体验。

---

① 华兹华斯的诗歌探讨了这一思想，尤其在《序曲》（*The Prelude*）中。

12

第十二章

科学观点：关于自我意识发展的研究

1939 年夏，一位 24 岁的荷兰学生，在周游美国并回到华盛顿特区后，给他的父母写了最后一封信，就起航返回荷兰了。

现在，我又回到这里，在起航返回之前这最后的几天里，走在熟悉的老街上。我常常看着自己，禁不住自问："你变了吗？"①

爱思考的人常常检视自己的思考过程。对自己行为和体验进行反思的人可能会有这样的想法——"我又一次发脾气了""我为自己不能戒烟而烦恼""为什么她的赞美让我感到这么高兴"。显然，有两个"我"共栖于我们的大脑：一个我，去"做""想要"或"相信"；另一个我对第一个我做出评价，或者接纳它，或者为忙碌的它感到自豪。但是，比起说有两个我，似乎说成一个我的两个部分更有意义。这两个部分分别代表两个不同的方面：行为的我（感觉、努力、生病等）和观察的我，后者形成对所有行为、感觉、思考等的观点。行为的我当然也可以思考，但思考的对象不是自我。能思考自我的，是另一半

———————————

① 多尔夫·科恩斯塔姆. 仍无战争：两个荷兰人之间的通信——儿子马克思和父亲菲利普·科恩斯塔姆（*Still No War: A Correspondence between Two Dutchmen-Son Max and Father Phillip Kohnstamm*）［M］. 伦敦：雅典娜出版社，2003.

观察的我或者叫反思性自我。反思性自我能思考一切可思考的，也包括行为的我。不过，它也能思考自己的功能吗？这样的问题真让我头疼。

我们是怎样思考这些事情的呢？人们如何意识到自身的这种双重统一呢？几个世纪以来，许多哲学家在这个问题上投入了大量的精力。然而，关于自我和自我意识的哲学争论，并没有对儿童自我意识的发展给予足够的重视。一部分原因可能是，我们相信我们的身体内有一个不朽的灵魂，它是我们的核心和本质。如果这个灵魂是永恒不朽的，那么它根本不需要发展，因为它在我们出生时就已经在我们的身体里，一直跟着我们，直到我们死去。直到 19 世纪心理学的出现，儿童自我意识的发展问题才成为一个主要议题，并在 20 世纪下半叶成为实证研究的主题。

威廉·哈兹利特（1778—1830）

1805 年，时年 27 岁的英国人威廉·哈兹利特（William Hazlitt）发表了一篇论文，第一次提出儿童自我概念发展阶段理论的假设。然而，他那篇文章《论人的行为原则》（*An Essay on the Principles of Human Action*）却没怎么引起同时代人的注意。① 失望之下，哈兹利特放弃了哲学（当时"心理学"这个术语还没出现），投身绘画，成为一位政治家和艺术评论家。

哈兹利特认为自我的发展经历三个阶段。首先，儿童构建出"自己是一个能够感受快乐和痛苦的存在"的想法。其次，"自己拥有自己独特的过去"的意识开始发展，尽管那时孩子可能都不一定知道"过去"这个词。最后，儿童形成关于自己"将来"的想法。这个"将来"在最初可能只是未来几天，渐渐地是更远的未来。与哈兹利特同时代的人倾向于认为，哈兹利特的前两个阶段很可能是借鉴了洛克的，尽管还不确定洛克是否从儿童发展的角度来考虑这两个阶段，但第三阶段确实是哈兹利特自己思考的结果。

这样，自我就逐渐发展出时间的维度：孩子不仅看到自己当下的生活、当下的行为和当下的体验，还看到过去和未来。但直到一个世纪后，借由威廉·詹姆斯，自我在时间上的扩展才被确认为自我意识的核心特征。

在另一方面，可能是更重要的方面，哈兹利特是当代心理学

---

① 　威廉·哈兹利特. 论人的行为原则（*An Essay on the Principles of Human Action*）[M]. 伦敦：劳特利奇，1805/1990. 或见雷蒙德·马丁和约翰·巴雷西. 18 世纪灵魂、自我和个人身份的归化（*Naturalization of the Soul. Self and Personal Identity in the Eighteenth Century*）[M]. 伦敦／纽约：劳特利奇，2000. 在 20 世纪下半叶广泛的心理学文献中，哈兹利特的名字无处可寻。1836 年他的儿子负责出版了本文，并于 1900 年再次印刷出版，尽管这篇文章几乎没有引起专业心理学家的注意。

的先驱，因为他非常重视"社会比较过程"在自我意识发展中的
重要性。自我意识只能在理解了他人看待和体验事物的方式与自
己不同时，才能产生。[①]他写道：

> 我拿对自己的印象、想法、感觉、能力等的认识，和我
> 对别人的相同或类似的印象、想法等的认识，甚至还有更不
> 完美的概念去做比较。这个概念是我用本该和我心中所想不
> 同的、他人的心中所想来构建的，由此我获得了自我的一般
> 概念。如果我对别人的想法一无所知，或者，我对别人感知
> 的想法进行完美再现，譬如仅仅对此进行有意识的重复，那
> 人与人之间应有的区别，要么会消失在纯粹的自恋中，要么
> 会消失在完美的普世共情中。[②]

在他的文章中，哈兹利特没有说明这种社会比较是如何引发
儿童自我意识的初步实现的，也没说明此后自我意识一般是如何
发展的。他也不关心这种意识是逐渐形成的，还是突然形成的，

---

① 所有这三个术语：自我概念（self-concept）、自我意识（self-awareness）和自我实现（self- realisation）都是自我反省（self-reflection）的结果，即人们对自己的关注。"自我概念"一词既指自我整体，也可指其特征。自我意识和自我实现仅指自我整体。
② 威廉·哈兹利特. 论人的行为原则［M］. 伦敦：劳特利奇，1835，1990：57.

而这一点是本书的焦点问题之一。尽管如此，我完全同意哈兹利特书中提及的以下两个观点：

  · 在自我意识的发展过程中，人逐渐意识到自己存在于时间之中：首先意识到过去，然后意识到未来。这意味着，一个人对当下的存在、体验和生活的认识首先延伸自过去，不管它有多模糊，然后再延展到未来。

  · 自我意识只有通过将自己的感受、经历和知识与他人进行比较，并观察到他人与自己的不同时，才可能实现：你对世界的体验和我不一样，我有一种完全属于我自己的看待事物的方式。

结合孩子们突然意识到自我的情况，本书也已多次阐述这两个思想。就时间方面而言，我相信在大多突然地意识到"我在"或"我就是我"的体验里，看不出来主人公意识到自己拥有过去和未来，也就是说，这种意识实际上还没形成或没被记住，但它必定发挥了重要作用。"我是汉斯·伦廷克"，这意味着他在八九岁之前就已经是汉斯·伦廷克了，等他长大了仍然是汉斯·伦廷克。

威廉·詹姆斯（1842—1910）

威廉·詹姆斯（William James）把自我分为两个主要部分：主我和宾我。引用当代著名发展心理学家苏珊·哈特的话：

> 威廉·詹姆斯将主我定义为行为或认知的主体，而宾我是认知的对象，一个客观认知的体验总和。詹姆斯还分别定义了主我和宾我的特征和组成部分。主要包括以下四点：（1）自我意识，即对个体内部状态、需要、思想和情感的评估；（2）自我能动性，对自己思想和行为的掌控感；（3）自我连续性，即随着时间的推移，一个人仍是他自己，保持不变；（4）自我一致性，自我作为一个单一的、连贯的、有界的实体的稳定感觉。宾我的组成部分包括物质自我、社会自我和精神自我。①

詹姆斯认为青少年时期是一个危机时期，其中包括对自我连续性和个人身份确定性的丧失。他承认自己终其一生都在为此挣扎。但是，他只提出对生命不同阶段，如青春期或婴儿期的一些

---

① 苏珊·哈特. 儿童与青少年自我表征的发展（*The Development of Self-Representation during Childhood and Adolescence*）[A]. 马克·利里，琼·普赖斯·汤格尼. 自我与认同手册（*Hand book of Self and Identity*）[M]. 纽约：吉尔福德出版社，2003：610-642.

评论（无节制的自恋、彻底的利己主义者），除此以外，詹姆斯没有对发展心理学的问题表现出兴趣（尽管他是四个孩子的父亲），也没有试图解释孩子的自我是如何逐渐变成成人的自我，从而能够实现对"宾我"的认识的内省。无论如何，他的工作对后来所有的自我概念理论都产生了巨大的影响，包括那些起源于发展心理学的理论，所以很有必要在此做这个简短的介绍。

在我看来，詹姆斯给他所定义的自我的两个部分，即主我和宾我，注入了一些外行人不易理解的含义。因此，我觉得，如卡莱尔和斯皮格尔伯格所做的那样，把外行的表达"Ik-ben-ik"（丹麦语）或者"Ich-bin- Ich"（德语）翻译成"I am me"，会产生混淆。如果我的荷兰和德国受访者理解这种区分，也用这种逻辑去理解他们记忆中的童年体验，他们可能会写成"Ik-ben-mij"或"Ich-bin-mich"。但没有一个人这样做。所以我决定还是使用更加原汁原味的翻译，即"I-am-I"，而不是"I-am-me"。

詹姆斯·马克·鲍德温（1861—1934）

从哈兹利特那儿，我们了解了他的主张，即自我意识的发展是通过拿自己和他人的品质进行比较来实现的。威廉·詹姆斯没有深入探讨这个想法，但后来另外两位美国心理学家——詹姆斯·马克·鲍德温（James Mark Baldwin）和乔治·赫伯特·米德（George Herbert Mead）——对此进行了探索。鲍德温（不要和作家詹姆斯·鲍德温混淆）被认为是第一位真正关注自我意识的发展心理学家之一。他的观点更具集体主义色彩，较少强调个人的独特性，而是着重强调个体与他人的相似性。鲍德温认为，模仿他人的行为是与他人共同生活的基础，也是孩子对"人是什么"的想法、对自己的认识和对同样有自己观点和思想的他人的认识的基础。儿童首先意识到他人是不同的个体，然后意识到自己也是。后者是试图模仿他人的结果。这样做，孩子也将自己的感受和想法归因于他人。鲍德温写道：

> 但是你看，构建社会意识的元素在微妙的（别人）输出（个体）输入中，"自我"和"改变"如此密不可分地交织在一起。如果没有不断地借鉴别人的建议，去修正对自己的感觉，孩子个性的发展就根本无法进行下去。所以，在每个年龄阶段，孩子有一部分是别人，甚至整个他想象中的自己就是别人……他把他人，即"改变"当成自己的同伴，如同把自己当成别人的同伴。整个成长过程中，唯一或多或少地保持稳定的是，包含了"自我"和"改变"的自我感觉一直在成长这个事实。简言之，真正的自我是个两极自我：社会自

我和同伴。①

凭借自我意识的社会心理学理论，鲍德温为日后发展心理学领域对这一课题的进一步研究奠定了基础，尤其是对过去几十年中与社会认知相关的研究。因此，令人惊讶的是，在我收集的"我就是我"的记忆中，并没有对自我意识的社会起源、自我意识与社会的联系的顿悟。第十一章是唯一一提及明显的集体意识的章节。但如我之前已经解释过的，这种特殊的顿悟和我所讨论的其他回忆的框架并不相符。也许，在我邀请读者和电台听众时，我过分强调了个人的自我感知、自给自足和自主性，忽略了与他人的社会共性。但为什么我所引用的小说和自传中，只描述了个体的突然体验，而没有一个是和集体相关的呢？会不会是因为作家都是这样的个人主义者？我们可能需要发出新的邀请，来看看是否有成年人能够记得在他们还是孩子的时候，突然意识到自己是社会动物，是一个更大群体中的一员，并受这个群体影响。自然地，许多成年人都会这么认为，但这是否也适用于儿童呢？还是说这种顿悟直到青春期后期才会出现，并且不伴有任何"惊人的影响"？通常这种意识不会多让人震惊，也不会多让人恐惧。大

---

① 詹姆斯·马克·鲍德温. 心理发展中的社会与伦理解读：社会心理学研究（*Social and Ethical Interpretations in Mental Development: A Study in Social Psychology*）[M]. 第二版，纽约：阿诺出版社，1899:24.

多数人倾向于和人在一起，而不是独处。意识到自己是一个群体中的一员，和他人建立联系，并与他们有共同之处，这让人安心，给人一种社会和文化认同，至少在一个人还想属于那个特定群体时都是这样。可能有很多青少年在某一时刻突然决定他们不想再属于某个特定的群体，他们已经偏离了这个群体。这种群体可能是父辈圈子，或是一个人已经归属多年的一个朋友圈子。但在童年时代，这种疏离的想法是很少见的，可能就是因为这个缘故，我几乎没收到过这种类型的记忆记录。

和家庭组织有关联的感觉，在儿童发展早期就出现了，自己属于这个家庭，而不是那个家庭，对儿童而言似乎是不证自明的。在认知发展的这个阶段，这种意识不太可能以顿悟的形式发生在儿童身上。第十章给出了一个例子，一个四五岁的德国女孩想知道她为什么不是美国人。同样地，在涉及大屠杀的自传中，也有类似的描述：孩子们突然意识到自己属于一个犹太家庭，也意识到他们的犹太身份使他们与其他孩子所属的家庭截然不同。在某一特定社会群体受到歧视的情况下，或在社会群体之间关系紧张、出现斗争的情况下，受歧视群体中的儿童，可能会突然意识到自己属于这一特定群体。但是，在儿童的世界里，如果没有这种群体之间的区别，儿童只有在感觉到自己在群体中发展，是群体中特殊的一员，但又与群体相分离的时候，才会突然意识到自己是特别的、与众不同的。在个人主义文化中，一个八九岁或更大的孩子，他的思想上已经足够成熟，能够有这样的顿悟。但鲜有孩子会认为这个顿悟很特别，以至永远铭刻在记忆中。

乔治·赫伯特·米德（1864—1931）

对于米德来说，自我同样是社会互动的产物。自我意识发展最重要的驱动是语言，而且这是一种社会习得，因此，自我意识也是社会塑造的。根据米德的观点，情感构成了自我的核心，是自我连续性的基础。自我的特征是能够把自己当作一个客体，这是包括身体在内的其他物体所没有的独特能力。自我，既是主体，又是客体，具有反身性。在社会互动的过程中，个体将关于自身的思想（和态度）内化，使自我反身性成为可能。由于我们面对的不只是一个人，而是很多不同的人，他们对我们的看法往往也不尽相同，所以我们面临的问题是，如何将所有这些不同的意象整合为一个可以被理解的整体。我们必须使用概括化手段，在这些不同的观点中找到最大的共同点。因此，根据米德的观点，自我是对他人的概括。这个过程建立在交流的基础上，首先是与他人的对话，然后是与自身的对话。这样，自我就成为自身的一个客体，并与自己产生了一种社会互动。

人们可以通过手势（想想一个成年人在意识到自己犯了错误

时捶自己的头）、意象、文字或歌曲与自己交流。儿童的游戏及其所扮演的角色促进了儿童自我的发展。根据米德的观点，正是通过这种方式，孩子达到了作为一种社会建构的、自我发展的第一阶段。写到这里，第七章中游乐场的例子（那个例子显示了个体意识到一个人可以想象自己处于别人的位置）浮现在我脑海中，尤其是最后一个例子，一个女孩在玩跳房子游戏时，意识到自己是一个独特的个体，这出现在她和同龄孩子玩耍的社会互动中。

米德认为，在儿童游戏阶段之后，儿童进入竞争阶段，在这个阶段，孩子学习如何与其他个体的复杂组织进行斗争。举例来说，就像足球队的守门员，他必须学会评估对方球队不同球员的意图，以辨别他们下一步的动作，同时还要考虑自己团队的防守队员能看到什么，以及自己需要做些什么来阻止对方进球得分。在儿童游戏阶段，儿童仅对他人的行为做出反应就足够了，但在竞争阶段，儿童必须预测这种行为可能是什么，而且必须同时推断出很多人隐藏的意图。之后，在青春期早期，孩子便开始了向第三阶段——"概括化他人"的过渡。这个阶段，是抽象的组织化或社会化系统，充满标准和规则，孩子归属于此。

当个体从一个阶段进入下一个阶段时，他们对自我的思考也会发生变化。如果一个孩子在竞争阶段，能够想象出自己处在别人的位置，那么他也有能力区分表演自我和感知自我，并进行内部对话。米德认为，这是社会智力和自我反省至关重要的前提。只有当青少年能够像检察官与犯罪嫌疑人或其律师对犯罪行为进行辩论那样，与自己进行对话时，他们才能通过社会论证和自我反省达到社会理性。得益于个体能够内化群体的价值观和规范，自我才发展成为一个理性存在。

借由这个理论，米德成为第一位提出"自我反省"概念的现代发展心理学家。尽管时有争论，人们认为米德高估了群体互动的重要性，但当今关注诸如"社会认知""社会观点采择"和"角色扮演"的大量发展心理学家，仍将米德的观点作为自己的理论基础。许多心理学家也延续了米德对言语交流的强调，认为其是自我意识发展的推动力。

迈克尔·路易斯：情绪的作用

迈克尔·路易斯（Michael Lewis）提出了两种截然不同的自我意识类型，它们分别对应两个不同层面的自我：**主体**自我意识和**客体**自我意识。[1] 主体自我意识中的"意识"没有任何的反身性意味，所有生物都需要有主体的自我意识。这包括将自我和他

---

[1] 迈克尔·路易斯. 认识方式：客观自我意识或自觉性（*Ways of knowing: Objective self-awareness or conscientiousness*），发展评论，1991（11）：231–243.

人区分开来的能力，以及自我调节的能力。同样，这里的"区分"一词也没有"有意识"的意味，当然也没有对自我行为的认知的反思。儿童早在会说话或使用"我"这个词之前，就有了主体自我意识。作为一个主体，有机体能够努力存活，避免痛苦或有害的刺激，识别其他生物体的存在，努力遵循其繁衍的遗传密码，处理食物，等等。为了使所有这些机制运转良好，有机体必须将自我与他人区分开来，而这至少要以一种非常原始的、无须经过任何思考或反思的方式实现。我们的自我总能在这个最原始的水平上工作：当我睡着时，被蚊子咬了，多亏我的主体自我意识，自我能无意识地引导我的手落在被咬的那片皮肤上。

对于路易斯来说，客体自我意识是把注意力集中在自身、思想、行为和情感上的能力，自我成为自己感知的对象。这种奇妙的能力只在人类身上（当他们还是孩子的时候）发展，也许黑猩猩也可以。这本书中的回忆包含了客体自我意识的例子，其中大多是较高级别的。随着抽象知识或象征性知识的出现，孩子们开启客体自我意识的初始阶段，这些能力通常在孩子一岁半左右发展。记忆的发展、抽象的能力、使用符号的能力使幼儿开始能够以一种最基本的方式对物体、人或情感状态进行分类。记忆让我们能够意识到，过去和现在的区别，对日常体验意味着什么，对我们第一次预测心里的想法意味着什么。所有这些体验都伴随着各种各样的情绪，它们可能是中性的，可能是愉快的，也可能是不愉快的。

识别（或者说记住）和反思情绪状态的能力会不断发展，包括对自己的、对其他孩子的、对看护人的情绪状态。紧接着，还有命名这些情绪状态的能力，这使得情感的发展表现出更加明显的差异化，包括路易斯所说的"自我意识情绪"——自豪、羞耻、内疚和尴尬。[1]这些情绪的发展完全依赖于与父母、其他看护者或其他孩子的社会性言语互动。

不断成熟的反思情绪的能力，是有意识的自省的主要来源，因此也是客体自我意识的主要来源。通过体验诸如羞耻、内疚和自豪等情感，孩子或多或少地会被迫联系记忆中过去的自我来反思现在的自我。对于孩子的行为，父母或看护者会贴标签，诸如"淘气""错""对"等，也会采取相应的行动，这一切会让孩子搞清楚，自己不同的行为会产生怎样的社会后果。在已然体验和有所期待的情感的底色上，孩子反思过去、预期未来的能力不断增强，这使孩子意识到，自己就像是一个演员，在与他人的互动中是一个能担当、能自主的"我"。以上是我对路易斯强调的自我意识情绪在自省发展中有重要作用的理解。我甚至倾向于认为，如果孩子头脑中没有这些对情感的区分和表达，本书中所呈现的大多数"我就是我"的体验就不可能进入孩子的意识，并储存在

---

① 亦可参见本书最后一章节中对路易斯著作《羞耻：自我暴露》（*Shame: The exposed self*）的注解。

他们的记忆中。

凯瑟琳·纳尔逊：语言的作用

在自我建构中，凯瑟琳·纳尔逊（Katherine Nelson）定义了体验的自我或"体验的我"，以及延续的自我或"延续的我"。从前者到后者有一个发展的过程，这个过程中伴随着自我意识，自我在时间和空间上得到扩展，并最终被置于特定的文化和历史时空中。①

体验的我在 1 岁以内就开始形成，延续的我在 2 岁到 5 岁之间出现最初迹象。体验的我是存在于当下的自我。纳尔逊确定了在其形成的过程中有三个层次的自我意识。然而，延续的我或扩展的自我（乌尔里克·奈瑟提出的一个概念），是一种不同的自我意识，是个体在岁月的进程中，通过自我在未来、往昔和当下的投影实现的。正是这个延续的我或自传体的自我，构成了一个持续一生的被表征的自我。② 纳尔逊认为，延续的我只能建立在

---

① 凯瑟琳·纳尔逊. 语言与自我：从"体验的我"到"持续的我"（ *Language and the Self: From the experiencing I to the continuing me* ）[A]. 克里斯·摩尔，凯伦·莱蒙. 时间中的自我：发展视角（ *The self in Time: Development Perspectives* ）[M]. 新泽西马瓦：劳伦斯·埃尔鲍姆协会，2001: 15-33.

② 同上。

孩子与父母、与其他孩子或其他成年人之间的言语交流的基础上。

　　……的基础在于讲述不同体验的言语功能的出现。这些体验包括自我与他人在不同时间地点的体验，以及不同他人不同视角的体验。中心观点是：对过去和未来、自我和他人的谈论，为延续的自我的构建提供了框架。（我认为，尼尔森的观点中也包括了学习用手语交流的聋哑儿童。）当然，这种言语交流并不意味着要明确地谈论孩子的自我或自我意识。这只是一个简单的事实，在日常对话中，与他人谈论过去和未来，为孩子开始意识到自我从过去到现在的延续性奠定了基础……从而使穿越了时间和空间的客体的自我概念得以表达。①

　　在这本书中，我们见证了众多我所说的"我就是我"体验及其所伴随的情感，这些都被明确地描述了出来。可能在体验这些时刻时——自我意识突破的时刻——孩子提取了自己当时可用的简单词汇，说出了当时他所意识到的东西。不难理解，如果没有

---

① 　凯瑟琳·纳尔逊. 语言与自我：从"体验的我"到"持续的我"（ *Language and the Self: From the experiencing I to the continuing me* ）［A］. 克里斯·摩尔，凯伦·莱蒙. 时间中的自我：发展视角（ *The self in Time: Development Perspectives* ）［M］. 新泽西马瓦：劳伦斯·埃尔鲍姆协会，2001: 15−33.

掌握这种言语功能，孩子就不可能体验书中所描述的那种对自我意识有所觉察的时刻，也不可能把它们存储在记忆中。以往与他人的交流，使得"内化"或自我对话成为可能。自我对话导向了自我意识，带来了延续的自我，或者，如纳尔逊所说的延续的我的萌生。

尽管这本书中收集了许多"我就是我"的体验，但孩子们在突然发生"我就是我"的顿悟之前，一定与他人和自己进行过许多对话，对这些内容我们仍然一无所知。因此，我们只能假设，这样的对话在他们的启蒙时刻发挥了辅助性作用。尽管如此，我相信这本书中描述的许多体验，可以用来说明凯瑟琳·纳尔逊的理论，即延续的自我是如何在童年时期开始形成的。但仍有一件令人费解的事无法用纳尔逊的理论去解释：为什么我们的许多主人公会在七八岁，更有甚者是在 11 岁或 15 岁这样更大的年纪萌发自我意识，而不是在她给定的延续的自我的初始发展的年龄，即 2 岁到 5 岁之间？这怎么解释呢？

威廉·达蒙和丹尼尔·哈特：文化的作用

目前大多数关于自我实现和自我意识发展的心理学文献，都提到了威廉·达蒙（William Damon）和丹尼尔·哈特（Daniel

Hart）1988 年出版的经典著作《儿童和青少年的自我理解》（*Self-Understanding in Childhood and Adolescence*）。[1] 过去几十年间，研究这一主题的诸多学者也把这本书作为他们的参考。达蒙和哈特很推崇前辈詹姆斯和米德的思想（前面已简要介绍过了）。认知发展过程中体验习得的文化决定性，是达蒙和哈特提出的问题之一。是否在所有文化中的儿童和年轻人都体验了这样的发展，哪怕是那些来自个人主义文化特征不那么明显的地区的儿童和年轻人？针对这个问题，有几项研究做了探讨。其中一项研究是俄罗斯著名心理学家 A. R. 卢里亚（A. R. Luria）对两名俄罗斯农民的采访，达蒙和哈特摘录了其中一些内容。

下面是卢里亚和一位来自偏远村庄的 18 岁女性受访者的对话，在这段对话之前，已经有长时间的关于人的性格和个体差异的讨论。

访谈者：你觉得自己有哪些不足（shortcomings）？你想改变自己的哪些方面？

女孩：我一切还好。我自己没有任何不足，但如果别人有，我会指出来……至于我，我只有一件衣服和两件袍子，

---

[1] 威廉·达蒙，丹尼尔·哈特. 儿童和青少年的自我理解（*Self-Understanding in Childhood and Adolescence*）[M]. 剑桥：剑桥大学出版社，1988.

这些就是我所有的不足。

访谈者：不，这不是我想问的。告诉我你现在是什么样的人，你想成为什么样的人？这两者有什么不同吗？

女孩：我想好一些，但我现在不好；我几乎没什么像样的衣服，所以我不能像这样去别的村庄。

访谈者："好一些"是什么意思？

女孩：有更多的衣服。

以下是与一位来自山区牧场营地的 38 岁柯尔克孜族男性受访者的对话。

访谈者：能介绍一下你自己吗？

男子：我是从乌赫 - 库尔干过来的，我很穷，我结婚生子了。

访谈者：你对自己满意吗？还是想有些不同？

男子：如果我有更多的土地，能种更多的小麦就好了。

访谈者：你的不足是什么？

男子：今年我种了一普特①小麦……我们已经割了干草，马上要收割小麦，我们正逐步弥补这些不足。

---

① 俄罗斯重量单位，1 普特相当于 16.38 千克。

访谈者：嗯，人和人是不一样的——冷静的，脾气暴躁的，或者有时记忆力不太好。你觉得自己是什么样的？

男子：我们行为端正——如果我们是坏人，没有人会尊重我们。[1]

达蒙和哈特认为，这位俄罗斯心理学家问错了问题，所以回答几乎没有揭示出这两位农民的自我意识。在他俩看来，如果讨论部分以更好的方式引导，那么结果会大不相同。但也许他俩是对的，在另一方面也完全有可能，那些生活在原始的条件下，不能上学，不会读写，并且必须常年非常努力地工作才能挣到维持最基本生活的钱的人，可能只能以一种非常有限的二元思维去思考（美—丑，懒惰—勤勉，强—弱，生病—健康，贫—富，等等）。依据凯瑟琳·纳尔逊的理论：言语交流在延续的自我的发展中起到至关重要的作用。我们可以猜测，在这种情况下，孩子和父母之间，或者孩子们之间交流的内容，并不特别适合形成具有心理差异的自我概念。此外，生活在以低生活水平为特征的集体主义文化中的人，很少有自我反省的倾向。不过，我很好奇在这样的文化中，是否有成年人记得自己小时候发生过突然的"我就是我"的顿悟体验。

---

[1]　A. R. 卢里亚. 认知发展：文化与社会基础（*Cognitive Development: Its Cultural and Social Foundations*）[M]. 剑桥：剑桥大学出版社，1976: 148–150.

你想了解和你的文化大相径庭的文化吗？你可以在互联网搜索引擎中输入"我就是我"。你会看到这样一些内容，比如家庭疗法的创始人之一，美国著名心理治疗师弗吉尼亚·萨提亚（Virginia Satir，1916—1988）的诗歌《自尊宣言》（*Declaration of Self-Esteem*），它就以"我就是我，我其实还不错"结尾。这首诗出自 20 世纪 70 年代初出版的一本书。那时，至少在美国，自我意识和自我实现运动正进行得如火如荼。

康奈尔大学的美籍华人心理学家王琦（音译）比较了美国哈佛大学学生和北京大学学生的童年记忆。调查问卷中，美国学生提供了详尽的、具体的、以自我为中心的、情感丰富的记忆，并且在记忆中，自己处在事件的中心；而在中国学生的描述中，童年记忆主要集中在集体活动中，是一些日常的且情感中立的事件。该研究支持了"自我的文化意象极大地影响人们的个人记忆"这一理论。在美国（和其他西方国家），自我被认为是独立、自主、清晰地区别于他人和社会情境的，特别强调自我表达、独立和个性。在中国（及其他东亚国家），自我没有被赋予清晰的边界，而是被视为社会关系网络、责任和角色的一部分。①

我本人曾参与了一项比较研究，这项研究要求中国父母列出

---

① 王琦. 文化对成人早期童年记忆和自我描述的影响：记忆与自我关系的启示［J］. 人格与社会心理学杂志，2001（81）：220-233.

他们孩子的不同性格特质。^①在罗列的过程中，他们所命名的特质较类似于前面讨论过的俄罗斯农民，特质的数量平均下来显著少于西方父母所列出的特质。我一直在想，这些中国父母是否真的没有注意到自己孩子的特质，还是他们觉得不适宜把详细的信息呈现给陌生人，比如我们这些访谈者？就算是，这也并不意味着王琦的结论可能是错误的。

　　本书并不想进一步强化西方对自我的定位。顺便提一句，前面章节中有大量记忆来自成长在 20 世纪 70 年代以前经济还不是特别繁荣的国家的人，他们之中只有极少数幸运儿能够关注自己的内心世界。在那样的环境下，能读到普鲁斯特作品的人并不多。但是，我相信，随着社会越来越富裕，越来越发达，萨提亚的"我就是我"的思考将不可避免地在所有社会中蔓延开来，当然也将不可避免地发生在亚洲和南美洲的城市里。事实上，我自己也倾向于被那些喜欢思考自我的人吸引，他们不会视个体存在为理所当然。

---

① 多尔夫·科恩斯塔姆等. 父母对孩子个性的描述：大五人格的发展前因（*Parental Descriptions of Child Personality: Developmental Antecedents of the Big Five*）[M]. 新泽西马瓦：劳伦斯·埃尔鲍姆协会，1998.

13

第十三章

赫伯特·斯皮格尔伯格
（1904—1990）

第十三章　赫伯特·斯皮格尔伯格（1904—1990）

> 心理学家和哲学家对这一现象鲜有谈论，一直让我困惑不已。
>
> ——赫伯特·斯皮格尔伯格

赫伯特·斯皮格尔伯格出生在斯特拉斯堡，当时，该地还是德国的一部分。"一战"后，当它再次成为法国的一部分时，大量的德国居民搬回了德国。1937年，斯皮格尔伯格的父亲是一位埃及学教授，而他是一位犹太裔的哲学家。在这一年，他逃离纳粹的压迫。他先去了伦敦，然后在1938年从英国来到美国。当大批知识分子从旧世界来到东海岸时，他们并没有受到热烈的欢迎——只是因为他们人数太多了。尽管如此，斯皮格尔伯格还是获得了一份在斯沃斯莫尔学院担任德语教师的工作，那正是沃尔夫冈·科勒（Wolfgang Kohler）曾建立格式塔心理学系的地方。1941年，斯皮格尔伯格接受了威斯康星州劳伦斯学院哲学系的全职职位。22年后，也就是1963年，他搬到了圣路易斯的华盛顿大学，教授哲学和现象学，直到1971年退休。在行为主义和实证主义的大地上，斯皮格尔伯格多年来一直试图秉承弗朗茨·布雷塔诺（Franz Bretano）、卡尔·斯坦普夫（Carl Stumpf）、埃德蒙·胡塞尔（Edmund Husserl）和亚历山大·普芬德（Alexander Pfänder）的精神，对哲学中的现象学流派很感兴趣。

斯皮格尔伯格的文章《关于童年和青春期的"我就是我"体

验 》(*On the I-am-Me Experience in Childhood and Adolescence*)，
首现于日本出版的《心理学》(*Psychologia*) 期刊，随后又再版两
次。[①] 2000 年，我偶然发现一本荷兰心理学书中引用了这篇文章。
到目前为止，我所查阅过的其他著作中都没有提及斯皮格尔伯格
的文章。显然，在他所处的时代，人们对此没什么兴趣，而在现
象学哲学家的小圈子之外，更是无人问津。即使是在前面章节中
提到的那些美国心理学者所专注的自我意识发展的著作中，也未
见斯皮格尔伯格的名字出现在索引中。

斯皮格尔伯格文章的开篇写了他自己在青春期有过一次"个
人体验"，但他在心理学或哲学著作中，都没找到关于这种体
验的任何论述。[②] 遗憾的是，他没有细讲他的个人体验究竟是什
么。文章的第一部分，斯皮格尔伯格概述了他所知的文学作品
中和自传中所谓的"我就是我"体验。这些作品的作者都自带
比以学术为导向的哲学家和心理学家"更加敏感的地震仪"。他

[①] 《心理学》(*Psychologia*) (1961 年第 4 卷) 第 135—146 页。本文的
修订版和增补版出现在《存在主义心理学和精神病学评论》(*The Review
of Existential Psychology and Psychiatry*) (1964 年，第 4 卷) 第 3—21
页。文章终版收录在斯皮格尔伯格的著作《为他人树立标准的踏脚石》
(*Stepping Stones toward an Ethics for Fellow Existers*) 中。
[②] 斯皮格尔伯格添加了一个脚注：我所知道的唯一一位似乎已经接
近这个内容的心理学家是 G. 斯坦利·霍尔（G. Stanley Hall），其报告
中出现了关于儿童的"早期自我意识的某些方面"的"哲学萌芽"。《美
国心理学杂志》(*American Journal of Psychology*) (1897 年，第 9 卷) 第
351—395 页，特别是第 379 页。

引用了让·保罗、萨特、休斯、玛丽·勒·哈杜因和荣格的作品。[1] 在讨论了这些例子后，他花了几页的篇幅来解释，为什么ego 和 self 这两个在关于自我意识发展的心理学和哲学讨论中使用的术语，不能用来特指突如其来的"我就是我"体验中的第二个"我"。

随后，他谈到了他认为的"我就是我"的体验是由哪些要素构成的。在这里，他跳脱了同时代人西蒙兹（Symonds）、奥尔波特（Allport）和埃里克森（Erikson）所代表的关于自我的理念。他指出，首先，"我（me）"和"身体（body）"出现了异样分离，而在此之前，"我"与"身体"是不可分割的。斯皮格尔伯格称之为解离（dissociation），这个要素在本书第八章的回忆中也出现了："反思性自我"好像站在上方或远处观察着"表演自我"，且其存在于时间之中。[2] "我就是我"体验的第二个关键要素是"是我""是此时此地那个无可否认的我"的感觉。这种感觉有的是突然产生的，有的是逐渐生成的。斯皮格尔伯格认为，这是对"主我身份"（I identity）的深刻体验，而不一定是时间延续的体验或与他人比较的体验。在斯皮格尔伯格看来，"我就是我"的体验恰

① 在阅读斯皮格尔伯格的文章之前，我只知道荣格的那段。后来，我自己也发现了其他引文，尤其是来自荷兰和德国作家的文章。
② 斯皮格尔伯格此处的观点"这种从身体的解离，是所有此种体验的典型表现"和我得到的一些回忆有些矛盾，尤其那些"注意力集中在自己身体或身体某一部分的"回忆。

恰呈现了和"体验到一个人有着和别人共有的或用来与别人区分开来的（社会）角色或特征"的对立面。

但是，他在这篇文章中也没有得到令他满意的现象学分析。尽管如此，这篇文章还是呈现了一些他自己的，基于对学生的系统问卷调查的实证研究。他的目的是想了解大学生和研究生中有多少人记得有过"我就是我"的体验。所以他没有让成年人把他们的记忆发给他，而是试图通过问卷调查来看有多少年轻人在他提供的例子中看见了自己的影子。

斯皮格尔伯格对突如其来的"我就是我"的体验的记忆频率的调研结果如下。

斯皮格尔伯格为他的学生提供了一段休斯小说的节选：10 岁的艾米丽认识到了她是谁（见第一章）。在接受调查的 59 名学生中，有 3/4 的人表示，他们在童年有过和艾米丽相似的感受和想法，只是没有艾米丽那么突兀和扣人心弦。但他们更关注的是反复出现的关于自我的想法，这些想法引发了一些无法完全解答清楚的问题。例如，一位（女）学生写道：

> 我确实记得自己也曾频繁地有过像艾米丽这样的发现，而且这肯定是在我很小的时候就开始了。他们也没有止于童年，我仍时不时地重新发现"我就是我"这个激动人心且又有那么一点儿可怕的事实，每当此时，我就会感受到那种奇

怪的在认识到这一点之前就产生了的感觉。这些体验通常发生在我独处时，要么是晚上，要么是在床上，要么是一个人玩儿的时候。

3/4 的比例在我看来似乎很高。但是这些接受调查的学生来自哲学导论课，我们可以猜测他们对这种内省的体验会特别感兴趣。在第二个研究中，斯皮格尔伯格的两位同事给参加心理学导论课程的学生们展示了不同的短片段作为例子，这些片段中的一部分取自第一项研究，但不是艾米丽的故事。调查问卷的引导语是这样的："以下陈述摘自一些关于童年体验的报告。本调查问卷的目的是探寻这种体验是特例还是包括你在内的其他人也有过。"第一个例子是："在我 10 岁或 11 岁时，我站在浴室的镜子前看着自己。突然，我发现自己在说：你就是你。"

83 名学生参与了这项研究，其中 25 人没有完成问卷，剩下的 58 人中，有 1/4 的人表示记得有过像例子中的那种突如其来的体验，其中又有 1/5 的人表达了这种体验让他们产生了不安。进一步的研究甚至表明，相当高比例的大学生和研究生在被问到这个问题时，表示他们有过突如其来的"我就是我"的体验，这远远超出了少数的科学文献中对这一现象的预期。

我对儿童和青少年中发生"我就是我"的体验的实际频率仍不甚清楚。在我看来，斯皮格尔伯格提到的比例似乎偏高，有待在学生中进行新的研究来验证其结果。

顺便提一句，斯皮格尔伯格在他的文章中也提及，他曾和几位朋友谈论过他研究的主题，这些朋友都六七十岁了，可能也非常富于内省，他们认为这些研究没有任何用处，是毫无意义的。因此，他写道，考虑到很多年轻人能够从这样的案例中回忆起自己的体验，这种体验的记忆可能会随着年龄的增长而消减。但我却从许多老年人那里得到了回复，鉴于这个事实，我想斯皮格尔伯格仅就他朋友的负面反应就做出结论可能有些草率。但在另一个方面，他的研究结果却与我的不谋而合：他从女性学生那里得到的记忆报告比从男性学生那里得到的要多。斯皮格尔伯格在他文章的结尾写了这么几句话：

> 因此，在被允许说出自己的体验，并发现了很多同龄人也有过类似的体验时，一些被调查者如释重负，尤其是那些声称"我就是我"的体验让他们不安的人，以及那些此前在他们无法言说的孤单中感到孤独的人。因为，如果这些发现是准确的，那么"我就是我"的体验，至少在某种程度上，是人类存在的基本事实之一。①

---

① 斯皮格尔伯格. 论童年和青春期的"我就是我"体验（*On the I-am-Me Experience in Childhood and Adolescence*）[J]. 心理学，1961.

斯皮格尔伯格在他的《心理学与精神病学现象学：历史导论》(*Phenomenology in Psychology and Psychiatry: An Historical Introduction*)[1]一书中，展示了格式塔心理学与现象哲学的紧密联系。他把自己关于"我就是我"体验的文章视为其发展的重要一步，并在 1986 年出版的文集《为他人树立标准的踏脚石》中收录了这篇文章，也突出了它在书中的地位。在这本文集中，他用两个语录作为他 25 年前写的那篇文章的前言，其中一个来自弗吉尼亚·伍尔夫的丈夫伦纳德·伍尔夫：

> 在一个不把人类当成独立个体看待，而是作为严格组织的社会中，像物品一样被分类的螺丝钉的社会里，没有悲悯和人性可言。只有当你觉得每个他或她都像你有一个你的"我"一样，有一个他或她的"我"的时候，只有当每个人对你而言都是一个个体的时候，你才能体会到蒙田对待残酷的态度。
>
> 这是使我意识到我就是"我"的这种对自我个体的敏锐意识，是痛苦、迫害、死亡对这个"我"的意义。[2]

---

① 赫伯特·斯皮格尔伯格.心理学与精神病学现象学：历史导论［M］.埃文斯顿：西北大学出版社，1972.

② 伦纳德·西德尼·伍尔夫.过程比结果更重要：自传，1939—1969 年（*The Journey, not the Arrival Matters: An Autobiography of the Years 1939-1969*）［M］.伦敦：霍加斯出版社，1969.

在越南战争已经结束,"冷战"仍在继续的时刻,斯皮格尔伯格选用这句话,向当时的哲学家展示了他自己。由此,他捍卫了一个有自我意识,反对不珍视个体的社会。

14

第十四章

自我意识发生机制：我们大脑中的备用网络

在 20 世纪最后一个转折点到来后不久，美国学术界就有了一个偶然的或机缘巧合的意外发现。正是"众里寻他千百度，那人却在灯火阑珊处"。

荷兰格罗宁根大学的研究人员佩克·范安洛在 2014 年出版了他的专著《机缘巧合》(*Unsought Discovery*)。在书中，他非常恰当地将其中一项意外发现命名为"未经预料的发现"。

这个惊人的发现，就是指大脑中被称为"默认模式网络"的系统，在美英专业术语中，这个词通常被缩写为 DMN。

几十年来，主要有两种先进的扫描技术被用于脑功能的神经心理学研究：PET 扫描法和 fMRI 法。第一个缩写表示正电子发射断层扫描；第二个缩写表示功能磁共振成像。人脑基金会网站的相关描述如下：

　　fMRI 是核磁共振成像扫描（MRI）的一种变体。fMRI 可以用来确定大脑活动的具体位置，并能够制作一张大脑的三维图像，可以显示大脑活动在哪里和什么时候发生。如果大脑的某些区域处于活动状态，这个地方的氧合血流量将会增加，而 fMRI 就可以显示出这种变化。

招募健康受试者进行的大脑科学检查，通常是请这些受试者躺进一台舒适的类似担架的核磁共振扫描仪中。然后，不断给这些受试者分配各种心理任务，随后可以确定扫描仪屏幕上，受试者大脑在执行这些任务时的位置和大脑活动情况。同样的做法在医院的医学检查中也经常使用，但这是为了找出在健康人身体一切正常的情况下，大脑的哪些部分没有激活或激活的量有所减少。这种方法通常被用来寻找和大脑疾病或功能紊乱有关的脑部病变的具体位置。

因此，大脑研究人员的重点最初集中于检测受试者，找到在完成特定的心理任务或完成这些任务的过程中，他们大脑出现激活的具体位置。

这些任务可以是任何性质的。例如，"伸出你的脚趾（或手指）十次，同时大声地从 1 数到 10"；或者，"尽可能快地吸气和呼气十次"；或者，"用 96 除以 3 等于几"；或者，"请你解一下这个字谜"；或者，"当加上两个字母后，哪个单词会变小"；或者，"从冬天到夏天实行夏时制的时候，你一定要把时钟向前（或向后）拨一个小时吗"。总之，所有这些不同的心理任务都需要大脑的努力参与才能完成。

一天，在完成了一系列任务之后，有一个受试者在核磁共振扫描仪中因疲倦而休息片刻。正在此时，这项实验的某位研究助理不小心把脑部扫描仪打开了，但他不是故意这么做的，因为一天的工作到这个时候已经全部完成了。过了一会儿，一位助理突然看到仍然躺在扫描仪中休息的受试者大脑中的某个区域在扫描仪的屏幕上亮了起来，这意味着这个脑区再次活跃起来。

研究助理通过扫描仪中的声音连接话筒向测试对象询问了以下问题："你现在在做什么？"测试对象回答说："没什么，我只是躺在这里，凝视着前方，思考一些事情。""你在想什么？""没什么特别的，我在想我小时候好像用过这种类似的扫描仪，因为我骑自行车摔了一跤。还有，下周要给朋友们做午餐的事。"

研究助理马上把发生的事情经过告诉了研究专家，随后，研究小组经讨论后决定：改变设计方案，安排和这位受试者相同的实验条件，然后，观察不同受试者在 fMRI 上的表现，也就是观察受试者完成任务后处于休息状态时的大脑变化。观察结果令整个团队感到十分惊奇：研究者们观察到在被试者大脑的同一个部位，会频繁出现相同的大脑活动。比如，研究者们问受试者"你在做什么"这类问题时，经常能看到与第一位受试者完全类似的大脑变化。

研究小组随后将注意力完全集中在大脑特定部位可能发生的活动上面。经过大量的研究和与其他研究结果进行比较后，他们发现：来自大脑较深部区域的神经纤维末端聚集在了一起。随后，人们开始把这个聚集区域看作一个具有备用功能的脑区，当人完全入睡处于休息状态时，或在做白日梦，或不做任何认知任务时，则会处于活跃状态。在做白日梦的状态中，受试者似乎在思考过去发生过的事情，以及他们将来期望体验的事情。

首次用荷兰文描述这个大脑网络区域的是美籍葡萄牙裔神经心理学家安东尼奥·达马西奥，他在荷兰文翻译著作《走入思想的自我》一书中描述了这个大脑网络系统。荷兰文出版的著作书名为 *het zelf wordt zich bewust*。在这本书的翻译中，"默认网络"的概念被翻译成"标准网络"，说实话，我是不太认同这个译法的。

关于这个大脑系统，第二个公开发表的是著名的大脑研究者迪克·斯瓦布教授，在他的《我们的创造性大脑》（ *Our Creative Brain* ）一书中（2016年）曾经描述过这个系统。但是他完全没做任何翻译，而是直接采用了这个概念：默认网络。

我是第三个发表这个大脑系统概念的作者，在2017年6月的荷兰文《心理学》杂志的一篇文章中。我和奈梅根大学神经心理学家桑德·达塞拉博士一起撰写了这篇文章。不幸的是，他在我们的文章发表后不久，逝于一次严重的癫痫发作。在这篇文章中，我们也和斯瓦布教授一样，直接翻译了这个概念：默认网络。

我和达塞拉在那篇文章的引言中写了如下内容：当我们没有任何任务需要执行时，我们通常会认为自己的大脑处于一种被动的"自由放空"状态。

这种解释确实适用于大脑皮层的特定区域，比如语言中心、视觉中心或运动中心。然而，20世纪初期脑科学家们的研究却发现，这些中枢之间某些特定的神经网络只有在人们休息时才会变得活跃。

迪克·斯瓦布对这个网络做了如下说明：

> 人在休息时，大脑的默认网络忙于发挥向内察看的功能，此时要比执行外部任务变得更为活跃。（大脑网络）覆盖了在无任务状态下具有高度功能连接的额叶和顶叶区域。这些区域在解剖学上相距很远，主要通过较长的白质路径相互连接……我们大脑的默认网络对听到我们自己名字的反应和听到别人名字的反应完全不同，因此，我们由此产生的"自我"允许出现有意识的体验。下面的这项研究支持了这种观点：一位著名女歌星被要求一边采用功能磁共振成像仪监控，一边倾听莫扎特的咏叹调；而莫扎特的这个咏叹调又分为两种，一种由她演唱，另一种由其他歌手演唱。在听这两首曲子的时候，她的大脑活动具有明显差别。这种差异表明，大脑皮质的中线结构与自我的感觉有关，也与歌手的身份有关。

这项研究和其他同类研究使我们相信：自我的感觉和自我意识产生于该大脑网络的活动，这在脑科学研究历史上是第一次。

我们希望在任何商业杂志的相关文章中都直接采用"默认网络"的名称。但我觉得有必要再寻找另一个名称，使得本书的内容能阐述得更加清晰。现在，只有专业人士才会熟悉英语的"默认模式"概念。当我在与普通人交谈时提到这"默认模式"时，总会看到对方脸上呈现出不知所云的表情。当我想更详细地解释时，我会说"这有点像备用网络"，这时人们通常表示能够理解，因为，我们现代人可以通过每天使用的电脑来熟悉这个概念。如果您将电脑置于"待机模式"或"休眠模式"时，这种大脑的"默认模式"类似于电脑的休眠状态，可以随时通过按任意键唤醒电脑的方式唤醒人脑。

我们大脑中的这个备用网络在如下两种情况下会得到激活：（1）出现来自外部世界的召唤；（2）当人们在安静地坐着、散步或躺着开始思考自己的时候，思考自己的过往体验，或者专注于未来将要发生的事件。当思考自己正处于或可能被牵扯进道德问题时，它会变得特别活跃。英国文学经常用"心灵漫游"这个词来解释这种心理状态。有时这种状态也可以与人在无事可做，或什么也不想做，或熟睡时的沉思，或白日梦相提并论。

大脑的备用网络在人睡觉和做梦时不会被激活。我收集到的许多人的记忆，都来源于儿童时期某种突然出现的对自我的感觉，或某种儿童自我意识的状态，出现的场景也许是正在做着某种不被视为"任务"的日常行为，例如，可能是儿童独自一人穿过一条非常熟悉的街道或小巷去上学，也许是在学校里，或者回家的路上。

比如伊恩·麦克亚万在"男孩"一章中谈到的在利比亚海滩

上的体验，或者贝蒂·霍格威格斯在"女孩"一章中描述的，扶在塞拉姆岛的栏杆上远眺大海时的体验。我的假设是，在某种意义上的体验是自我意识，并且这种自我意识可以从非常自我的白日梦境中产生。白日梦的内容大多描述的是自己过去的亲身体验或未来体验的预期。一般来说，我的假设是：一旦有言语意识的儿童处于完全的休息状态而不是沉睡状态，他在童年时期的自我意识体验往往就会浮现出来。

有一个问题是：这些解释都没问题，但是你有多大把握，能够确定这个网络已经在孩子们身上很好地运作了？怎样证明这些在你书中提到的长大以后能被回忆起来的自我意识体验，实际上完全来自生命早期尚未完全发展的儿童大脑的备用网络？

我被这个来自第二个自我的问题持续困扰着。因为以前没有了解过这类儿童导向的自我研究，所以我运用搜索词"DMN"和"童年"在谷歌中搜索，然后找到了至少一项相关的研究。这项研究表明，只在八九岁的儿童中找到了正常的主动性的备用网络。

那么，这对我收集的关于 4 ~ 6 岁儿童的记忆有什么启示？什么也没有。

后来，阿姆斯特丹大学的认知心理学家阿尔伯特·柯克博士帮我解决了这个问题。在谷歌浏览器上，我们将搜索词稍作变化，便会找到另外 8 篇关于儿童导向的研究。其中一篇甚至研究了两周大的婴儿！我感觉异常兴奋，立刻开始阅读这篇文章。作者在摘要中这样写道：

> 到了两岁，大脑的默认网络就在形态上和成年人的网络
> 非常相似了。

一开始我简直不敢相信自己的眼睛。但是读了这篇文章之后，我开始对此确信无疑。因此，对于4岁的贝蒂·霍格威格斯来说，从这本书第一章描述的"我在这里很舒服"的感觉，到源于身体和精神的"休息状态"，以及其间的大脑备用网络，整个过程是非常有可能发生的。

虽然这还无法完全证实我收藏到的所有记忆都能获得解释，但这使它正确的可能性更高了。我立刻兴奋地跑下楼，告诉我妻子这个喜讯。她正拿着一杯咖啡等着我，一边读一篇刊登在《新鹿特丹商报》上由米切尔·克里亚尔撰写的评论，这篇评论是关于我的前兄弟会成员菲洛·布列格斯坦的一篇非常积极正面的述评，这篇评论中明确指出：雅克·普雷斯特的《我在自我之中》（*An I in Myself*）的体验，好像是对我说的。这就是完成这个循环的原因。

我认为备用网络的发现是迄今为止神经心理学对过往心理学的最重要的贡献。我想引述达马西奥在他的《走入思想的自我》一书中的一个极佳比喻，来更好地诠释这个备用网络能够为我们

带来什么。并引用一下本书的荷兰语翻译——自我只需稍作改动，就能进入意识层面：

备用网络的变化模式如何与备用网络这样一个服务于我们意识层面的理念相关？这可能反映了自我在有意识的头脑中进行从前景到背景的转换活动，循环往复。当人们需要专注于外部刺激时，他能够听到一个孩子寻求帮助的声音。我们的大脑有意识地把将接受测试的被试者（在本例中是孩子）放在前景中，并将自己放置在背景中。但是，当不受外部世界影响时，我们就倾向于做白日梦。如果要研究的对象是我们自己，自我就会占据主要位置并会离自己的意识更近些，无论是独处还是在社会背景下都是这样。

"默认"一词的意思是什么？

根据韦伯斯特未作删节的英语国际词典第三版（1926年印刷，重8公斤）的定义，"默认"的意思是指，未履行合同或协议，未承担责任，或未履行义务：如A：未履行经济责任；B：未出庭，因违约而放弃诉讼；C：比赛失败或未完成（指定的比赛，尤指体育比赛），也因失败而丧失（比赛），排除（运动员或球队），"默认"是将（运动员或球队）排除在比赛之外。

韦伯斯特英文词典（1926）的编辑告诉我们，"默认"

（default）这个单词是从法语单词"defaut"演化过来出现在英语中的，原来的法语意思是"缺点"或"失败"。"默认网络"的缺陷将是"失败"或"缺陷网络"。我认为我不必提供更多的证据来证明我的坚定信念，"默认网络"一词是一个严重的错误或失误，应该被这个奇妙网络的同名授予者所承认。我建议将网络改名为"标准网络"，这不是指安东尼奥·达马西奥在他的书《走入思想的自我》中所说的"标准网络"，而是专指我自己的"备用网络"。

韦伯斯特英文词典是如何描述"待机"（standby）这个词呢？一个是可依赖的，一个是备用的，随时可以使用的；用"网络"连接来形容，可以表示：近在咫尺，随时待命；下岗；退休或退出领导岗位。

最后，我用四个松散的评论总结一下这章内容。

1. 马库斯·雷切尔和他的同事们由于发现了我们大脑中的备用网络，而赢得了最高的赞誉。

2. 我没能很好地解释，为什么在我收集的提供儿时记忆的孩子中，绝大部分后来都成了作家。但我对此提出过一个假设，那就是这些孩子的语言发展速度比一般人要快得多。而且，由于这个假设无法在实际生活中获得验证，因此没有人能够反驳或证实它。

3. 当我告诉迪克·斯瓦布教授关于汉宁·曼克尔的儿时

记忆时，他曾经打断我，用怀疑的语气说："记忆是出了名的不可靠。"

我非常清楚科学界的怀疑论者多么怀疑记忆，特别是儿童早期记忆的真实性，但我要说的是：（1）许多人都有类似的记忆；（2）亲历者们陈述儿时记忆的内容极其详细；（3）我收集的大部分记忆都是在没有出版意图的情况下写出来的。这三个事实让我对这些记忆的可靠性和可信度充满了信心。正如世界著名的美国行为科学家贝茨教授在这本书的前言中所叙述的那样，他是如何开始接受我的现象学工作的。我想请读者和我一起思考我在这本书中所呈现内容的可信度，你可以通过我的电子邮箱（dolphkohnstamm@gmail.com）和我一起思考这个问题，并分享你的心得或感悟。

4. 研究表明，当人们试图进入别人的思想状态并开始思考这个人，特别是当涉及道德问题的时候，自我意识就会在大脑的备用网络中显示出来。因此，这个网络当然不仅仅关注我和自我。

15

第十五章

问与答

我收到的所有回复总共大约 250 个，主要来自荷兰、比利时、德国、奥地利和瑞士。从这些回复中进行初选时，我去除了约 1/3 对于我来说不是特别有用处的。比如，那些描述了最初的记忆或最早的记忆，但不涉及突然的自我意识的内容。此外，在初选的过程中，我也排除了一些描述语言过于成人化，包含的思想和片段所提及的年龄明显不符的记忆片段。第二次预选，我再次筛选出了一些回复，主要因为我已经有了足够多的关于某种体验的好例子，而我只想把最具表现力的例子囊括于书中。最终，我收到的反馈中，有 90 个人的回忆被收录进了这本书。对这些回忆，我唯一做的就是校对，对内容没有修改。当我有足够多的用德语写的记忆供我选择时，我也会略去本书最初的荷兰版本中的一些用荷兰语写的记忆。

为什么我收到的回复中，来自女性的比来自男性的更多？

大约 80% 的回应来自女性。这是因为这个话题对于男性来说太尴尬了？还是我的邀约渠道具有阅读行为典型的性别差异，所以导致读者大多是女性？或许以男性为主要读者群的杂志编委，甚至压根就不会接受我这样的邀约。另一种可能性是，女性比男性更倾向于内省。从关于性别差异的文献中可以看到，低龄阶段，平均而言，女孩在语言发展方面略早于男孩。然而，如果这是一个因素的话，那么男性的记忆最多可以追溯到稍晚一些的年龄，但并不能解释为什么回应我的女性比男性多得多。更重要的应该是，正如研究表明的那样，女性通常比男性更能记住童年的事情。对此，一个可能的原因是和与儿子谈话相比，父母更频繁地与女儿谈论最近发生的事情及她们的感受。此外，（可能因为这种现象）女孩比男孩更能记住过去发生的事情，比如一个情景发生的时间和地点，以及与之相关的感受。众所周知，在所有的比较中，平均而言，女性比男性更容易找到失物。

此外，现在有明显的迹象表明，男性和女性的大脑整体上看是不同的。历经20年的研究，西蒙·拜伦－科恩（Simon Baron－Cohen）确信，男性的大脑发展了更好的能力去"系统化"地理解和构建系统，而女性的大脑有更好的"共情性"，即感知他人可能的想法，并以适当的情绪反应去回应他人。后者的思维模式正是第七章所描述的回忆故事的核心，也是第十二章所谈及的关于自我意识的社会和关系基础的假设的核心。当我的同事，印第安纳大学的约翰·贝茨读到这本书的手稿时，他认为女性受访者比例过高，主要因为女性以社会关系为中心，且她们在发展"心智理论"方面有优势。

然而，所有这些文献中阐述的心理性别差异都太小，不足以解释不同性别回应者在数量上的巨大差异。我收到的女性来信和电子邮件之所以比男性多，最好的解释似乎在于这样一个事实：更多的女性读到或听到了有关这个话题的邀约，因为女性比男性对心理主题更感兴趣，因此对童年记忆也更感兴趣。多年来，决定学习心理学的年轻女性人数一直远远高于年轻男性。过去不是这样的，但那时，上大学的女性也比现在少得多。

本书中呈现的回忆引发了许多问题，包括：这些体验对当事人以后的人生意味着什么？人们是怎么确定这些回忆的真实性的？人们是怎么确定突然产生了新的意识的？因为没被意识到，所以也没有被记住的这部分记忆，可能发生在自我意识实现突然的跨越式发展之前，人们为什么能知道这部分记忆？

对日后的影响

有些人问我，那些回忆起童年岁月中有"我就是我"灵光乍现般体验的青少年和成年人，是否在以后的生活中更容易感受令人恐惧和沮丧的去人性化（depersonalization）体验："我觉得自己与他人隔绝了""我认为自己孑然一身"。在我收到的受访者来信和电子邮件中，我没有发现这样的迹象，并且我的同事约翰·贝茨曾就这个问题写信给我说：

奇妙的是，这些体验根本不像体验过创伤的人经受的去人性化和非现实感，事实上，恰恰相反。这不仅带来了更深的对自我的意识，也带来了对非我和物理环境的意识。通常会有一种快乐、一种力量感从这种意识中溢出，我真喜欢。

对于大多数记得这样体验的人来说，这种记忆不过是一种珍贵的回忆，不再带有任何强烈的情感反应。对于那些在体验发生时感受到孤独、恐惧的人，事后回想起来，仍然会产生同样的恐惧；对于那些后来长期抑郁的人，甚至可能把这段体验视为他们所有痛苦的源头；相比之下，也有一些人，"我就是我"的记忆总是与自豪和自我意识联系在一起，并伴随着自主感和力量感。逆境时，他们可以依靠这段记忆从中汲取力量，至少我能从他们的叙述中这样推断。无论哪种情况，本书所描述的体验都不是极端情绪化或创伤性的。因此，不同于非常痛苦的那些体验，这些体验到的记忆没那么容易被无意识的压抑淹没或改变。

这些记忆是真实的吗？

我是怎么知道我收到的这些信件中的回忆是准确的？对这个

问题，我只能回答说，是这些记忆被描述的方式让我相信它们是真实的。对什么是"真"的，我没有比我的感觉更有力的证明了，因此，我没有实际证据。一方面，我的一些深谙精神分析和心理治疗来龙去脉的朋友认为，所有的童年记忆不可避免地会适应当下，在岁月中，他们的记忆会发生改变，从而变得不那么可怕，并能满足新的无意识需求。另一方面，大多数记忆专家认为，还是有童年时期的记忆能真实准确地反映当时发生的情境的。

　　童年记忆真实性的检验确实不易，尤其作为本书主体部分的记忆更是如此。我们怎样、从哪里获得真实性的证据呢？此外，对于出版物中大量公开的有关成年人在童年期遭受性虐待的记忆，人们至少会对其中一部分记忆的真实性产生质疑，这种质疑来源于这样的想法：从根本上说，所有的童年记忆都应被视为可疑的。从事法律工作的心理学家必须用一套合理的标准来检验记忆的真实性。其中一个标准就是，当事人能把可疑行为发生的情境描述的详细程度。最重要的是，与情境本身完全无关的细节决定了可信度。读者可能已经注意到，在本书所描述的记忆中，这些无关紧要的细节产生了一种真实感。但是除此以外，别无他证了。

　　然而，把本书中提及的体验和法律视角下涉及儿童的情形区别开来是很重要的。在我收到的描述中，大部分孩子是在独处时，突然从一定距离之外察觉了自己：有时是独自在家，有时是独自在外，有时也发生在与父母、与家庭住所或与家庭的安全范围有一定物理距离的时刻。但在其他情形中，儿童体验顿悟时刻时，他们发现自己就在家里或操场上，身处人群之中，他们突然看到自己站在那里，却与世隔绝，意识到所谓的"个体"。然后，某些细节——通常是一些无关紧要的细节，令描述更为让人信服的细节——永远铭刻在孩子的记忆里。

包括法官在内，为评估记忆的可靠性，人们必须搞清楚的另一个要素是，报告记忆的人能在多大程度上给人留下可靠而冷静的印象。当我筛选这些回忆时，我放弃了一些我怀疑叙述内容真实性的案例，比如用来描述记忆的语言读起来过于高深，不符合通常意义上儿童思维和语言表达的简洁性。

自我意识通常是逐渐形成的吗？

我怎么能确定，突然出现的自我意识虽然只在一瞬间显现，但实际上在一个渐进的过程中积聚已久呢？这让我想到，我们大多数人对这样一个突然的体验没有任何记忆，但我们仍然学会了区分两方面的自我，一方面是表演自我或体验自我，另一方面是观察自我。这难道不能证明无须任何导火索，这种区别就逐渐形成了吗？事实上，大多数人都是如此。我们持续地处理着别人对我们的评价，一路走来，我们开始把别人对我们的评价看作自己的真实特征。你是一个女孩，你很漂亮，你爱炫耀，你有贫血症，你有阅读障碍，你有多动症，你是妈妈的最爱，等等。孩子听到这些表达，会在心里进行处理。渐渐地，孩子会形成自己的意象，并意识到自己的独特之处——就像纳博科夫的"一系列的幻灯片，幻灯片间的间隔越来越小"。然而，对于大多数人来说，他们不会拥有如此光芒万丈以致令其刻骨铭心的记忆。

这种顿悟只是上一辈人的事吗？

我怎么解释把写有回忆的信寄给我的人中，主要是上了年纪的人呢？有可能是这些回忆没怎么被谈论过，当这些人还是孩子的时候，没什么人和他们聊过。如今，人们和孩子谈论很多事情。每个家庭的孩子都不多，每个孩子提出的问题都尽可能地被理解。谷歌上，关于"倾听你的孩子"的训诫达到了 65 000 的点击量。由于担心孩子会缺乏自信，孩子所做的每件事情或每个创造，哪怕只是小小的进步，都被捧上了天："你做得太棒了！""你能做到一切！"在学校里，即使是很小的孩子也要参加测试。等到孩子 11 岁的时候，他们已经收获了一整套的个人评价。这样，即使是年幼的孩子，无意中，也被鼓励去思考自己。

在高度发达的西方社会，在封闭的儿童世界中长大已经不可能了。在这里，人们不会对儿童的心理发展坐视不管了。比起过去，满怀善意的成人和孩子的过度沟通让孩子很早就开始自我反省。似乎顿悟仅留给了那些心理上静待花开，没有被频繁叫来讨论这些想法的孩子。这就是我们致力于当好父母的代价：孩子小小年纪，就被圈在了成人想法的套子里。当孩子处在他人评价的轰炸中时，独立地发现自我意识变得不太可能。也许，进行了大量阅读的孩子会在潜移默化中更早地获得这样的顿悟。可以想象，那些生活中与大自然更加亲近，没有过早地通过书本和电视获得某些体验的孩子，更有可能会自发地体验"我就是我"这惊人的顿悟时刻。

读者们已经注意到，根据大多数受访者的报告，我认为这种时刻对于孩子来说是宝贵的体验。然而，迈克尔·路易斯对此持不同观点。在他的《羞耻：暴露的自我》一书中，他遵循了萨特的观点，即意识到自我会产生存在主义的焦虑，而这正是我们为个人自由和自主所付出的代价。"是的，意识可能会导向自由，成为你想要的样子的自由，但这种自由有其代价：焦虑和羞耻。"正如我们在第十二章中看到的，路易斯认为，自我意识的发展必然与羞耻、骄傲和恐惧的情感相伴。他还将西方文化中现代父母的行为视为助推自我意识形成的因素：

西方社会越来越强调作为一个个体，定义自己为"主体自我"的重要性。社会化的技能促进了个性化的发展。我们小时候和父母一起成长的经历是自我意识情绪的容器，我们日益增长的分离感和羞耻感均来源于此。

还有：

自由使人们用是否具备自我意识来界定自己："我就是我"取代了所有其他关于自我的陈述……自我意识使个体更容易产生羞耻感及其带来的伤痛。

因此，不同于我的观点，对于路易斯和萨特来说，本书中收集的大部分体验并非孩子们的宝贵发现，也不可能作为过去的宝贵回忆被珍藏。同样地，路易斯并不像我那样对父母的干预行为感到遗憾，因为这些行为减少了孩子自发发现自我的机会，而他认为这种发现主要与消极情绪有关。相反，我认为它主要与积极情绪有关。

如何解释这种相悖的观点呢？一种可能性是，假定"我就是我"的体验对于孩子来说是一种愉快的体验（自豪、自主）的话，他们会把这种体验储存在（可获取的）记忆中，并随后愿意向我报告；而对于那些体验类似，却感受到焦虑（孤独，害怕在死亡中失去自我）的孩子来说，往往会忘记它们，或者即便没有忘记，也不会那么愿意向我报告。的确，我收到了一些负面情绪的报告，但不是很多。其中一个例子是那位德国女性5岁时的记忆，它充分支持了路易斯（和萨特）的观点。另一个例子是作家多拉·德·容在其小说《田野即世界》中的（自传式的）回忆。

另一种可能性是，孩子有这种体验的那一刻，本身是感到恐惧的，但在回顾这段体验时，自豪感和自主感取代了最初的感受。

孩子的年龄和个性也可能解释这种相悖的观点。年幼的孩子和那些在独处或处在黑暗之中时个性上倾向于焦虑的人，可能会在突然把注意力集中在自己身上时，因感受到自己是一个与他人分离的个体而感到害怕。相比之下，年龄较大的儿童和青少年在情绪上更加稳定，这种性情使得积极的自豪感和自主感占据上风。

鉴于我收集的资料大多基于被调查者的自我选择，所以不宜用我的样本来对这个问题下定论。收集其他以不同方式取样的记忆，可能会使这些问题更明朗：是否"我就是我"的体验往往是可怕的？它通常发生在什么年龄和什么情况下？是在独处还是有别人在的时候？是在光天化日之下还是在黑暗之中？